MESH ではじめる IoT プログラミング

うれしい たのしい おもしろい を創作しよう

上林 憲行 編著

中村 亮太・中村 太戯留
岡崎 博樹・田丸 恵理子 共著

ソニー株式会社 MESHプロジェクト
プログラミング教室Swimmy 協力

本書に掲載されている会社名、製品名は一般に各社の商標または登録商標です。

※本書のソースコードや記述内容等を利用する行為やその結果に関しては、著作権および出版社では一切の責任をもちません。

※本書の理解には、非常に多岐にわたる知識が必要ですが、到底1冊でまとまるものではなく、読者の方々の知識量も千差万別のことでしょう。お手数ですが、他の専門書・専門記事等も、必要に応じてご参照ください。

本書を発行するにあたって、内容に誤りのないようできる限りの注意を払いましたが、本書の内容を適用した結果生じたこと、また、適用できなかった結果について、著者、出版社とも一切の責任を負いませんのでご了承ください。

本書は、「著作権法」によって、著作権等の権利が保護されている著作物です。本書の複製権・翻訳権・上映権・譲渡権・公衆送信権（送信可能化権を含む）は著作権者が保有しています。本書の全部または一部につき、無断で転載、複写複製、電子的装置への入力等をされると、著作権等の権利侵害となる場合があります。また、代行業者等の第三者によるスキャンやデジタル化は、たとえ個人や家庭内での利用であっても著作権法上認められておりませんので、ご注意ください。

本書の無断複写は、著作権法上の制限事項を除き、禁じられています。本書の複写複製を希望される場合は、そのつど事前に下記へ連絡して許諾を得てください。

出版者著作権管理機構
（電話 03-5244-5088, FAX 03-5244-5089, e-mail: info@jcopy.or.jp）

JCOPY ＜出版者著作権管理機構 委託出版物＞

まえがき

　本書で取り上げるMESHは、コンピュータに関する専門的な知識を前提にしないで、誰でも、直感的で、対話的な作業を通じてソフトウェアを構築することができる画期的なツール（IoTガジェット）です。特に、コンピュータやプログラミング教育のツールとして、注目を集めています。さらに、MESHは、生活や仕事の現場で、自分のアイディアをデジタルガジェットとして形にするプロトタイプツールとしての可能性も秘めています。つまり、MESHは、ソフトとハードを連携させたデジタルガジェットのDIY（Do It Yourself）ツールです。

　本書の著者らは、いち早くこのMESHの可能性に着目して、さまざまな取り組みを行ってきました。そして、自らの体験を踏まえ、このすばらしいMESHをより多くの方々に、そしてより多様な目的や場面で楽しんでいただきたいと考え、本書を執筆しました。

　コンピュータを使って何かをしたい、成し遂げたいとすれば、コンピュータソフトウェア（ソフトウェア）を構築すること（＝プログラミング）が必要になります。インターネットというネットワークも、スマートフォンのような情報機器も、ソフトウェアがなければ動きません。コンピュータ自体は、単なる砂や石と同じです。砂や石を、ダイヤモンドのように輝かせる魔法が、ソフトウェアの力です。「世界はソフトウェアでできている」というメッセージは、このことを端的に表現しています。しかし、一般的にいって、ソフトウェアをつくるために必要なプログラミングを行うには、きわめて専門的な知識やスキルが必要です。

　一方、先に述べたとおり、MESHを使えば誰でもソフトウェアを構築できてしまいます。著者らは、MESHをツールとして小学生向けのプログラミングワークショップを数多く実施してきましたが、おかげで大好評をいただいています。さらに、大学での正規の授業や、社会人向けのワークショップなどでも活用してきましたが、MESHのもたらすインパクトは、常に大きなものであることを実感しています。プログラミングの壁を越えて、直感的、かつ、対話的な操作で自分のアイデアを実現できることで、誰もが嬉々としてものづくりに熱中できるのです。その結果、ユニークなアイデア、潜在的な創造力が次々と引き出されることは、特筆されることです。いつもMESHをツールとし

たワークショップ会場や教室は、笑顔と歓声が響き、楽しく、やりがいのある雰囲気に包まれます。

　世界的なコンピュータ教育の潮流はCS4ALl（Computer Science for All）です。これは、コンピュータに関するリテラシーは職種を問わず、年齢を問わず、21世紀を生きる万人にとっての幹に相当するスキルであるという考え方であり、したがって、誰もがソフトウェアを自在に構築できるためのプログラミング思考・技法を身につける必要があるとされています。欧米では、すでに先進的な取り組みがなされており、日本でも遅ればせながら小中学校でプログラミング思考教育が2020年度から全面的に導入となります。

　本書の出版にあたり、ソニー株式会社MESHプロジェクト、プログラミング教室Swimmyに全面協力をいただきました。改めて御礼を申し上げます。

　読者の皆さんが、MESHを活用してさまざまなアイデアを形にすること、そして、プログラミングやコンピュータをより身近に感じることに貢献できれば幸いです。

2019年4月

著者を代表して　　上林　憲行

contents

Chapter 1 MESHの基本を知ろう

1.　　　　　　　　　2
MESHとは

2.　　　　　　　　　8
MESHを使うためには

3.　　　　　　　　　18
MESHについて
もっと詳しく知るためには

> プログラミング教育の現場から 1
> プログラミング教育の現場からのメッセージ　　　　20

Chapter 2　MESHを使ってみよう

1. 24
夜空に光るホタル
ホタルの光を
再現してみよう

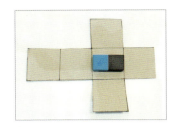

2. 32
スマートサイコロ
出た目に合わせてしゃべり出す
賢いサイコロをつくってみよう

3. 42
スマート監視カメラ
人を発見したら自動的にカメラ
撮影するしくみをつくってみよう

4. 48
サプライズ箱
開けるとメッセージが流れる
素敵な箱をつくってみよう

5. 52
簡易スマートHome
声をかけると室温を教えてくれる
しくみをつくってみよう

6. 60
電気の有効利用！
スマートライトをつくってみよう

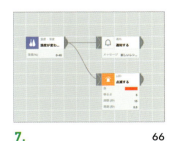

7. 66
乾燥していますよ！
湿度が低いと知らせてくれる
しくみをつくってみよう

> プログラミング教育の現場から 2
> 楽しく工作しながらプログラミングを学ぼう　　　　　70

Chapter 3 MESHで遊ぼう

1. 74
押しボタン式信号機
身近な交通信号機を
再現してみよう

2. 80
音と光のおみくじ
振っても出てこない?
新感覚のおみくじをつくろう

3. 84
止めるのが難しい
目覚まし時計
これがあればベッドから
抜け出せる?

4. 90
オリジナル楽器
変わった方法で演奏する
楽器をつくろう

5. 96
反射神経ゲーム
いつでも機敏に動けるか、
このゲームで確かめよう

6. 102
歩数計
ウォーキングやランニングに
役立つものをつくろう

プログラミング教育の現場から 3
自分でつくった道具(おもちゃ)で遊ぶ喜びを知る　　　108

Chapter 4 MESHを駆使しよう

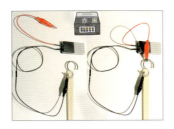

1. 112
イライラ棒に挑戦しよう！
呪いの線にふれると魔女が
笑うゲームをつくってみよう

2. 118
魔法の杖で
ランプを点けよう！
魔法の杖でランプを点ける
しくみをつくってみよう

3. 122
キリンさーんと
よびかけよう！
よびかけるとかけ寄るしくみを
つくってみよう

4. 128
マスコンを操作して
出発進行！
手もとで鉄道玩具を制御する
しくみをつくってみよう

5. 134
理科の実験に挑戦しよう！
光電池でコンデンサに蓄電して
鉄道玩具の走行距離を
測定してみよう

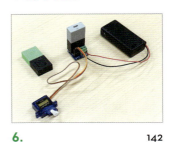

6. 142
線路のポイントを
切り替えよう！
鉄道玩具の分岐レールを
切り替えるしくみをつくってみよう

7. 148
鉄道の遅延情報を
調べよう！
インターネットの運行情報を
調べるしくみをつくってみよう

> **プログラミング教育の現場から 4**
> 継続した学びからの成長物語へ！── 教室から生活の中へ！　　162

Chapter 5 MESHでデザインしよう

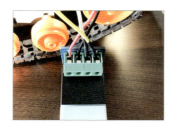

1. 166
猛犬注意！
怒らせるとほえながら
向かってくる猛犬をつくってみよう

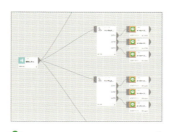

2. 176
コーディネート提案アプリ
LINEと連携した
簡易コーディネート提案アプリ
をつくってみよう

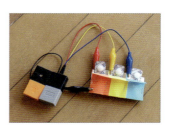

3. 192
薬の飲みまちがいと
飲み忘れを防止しよう！
薬を入れるとタイマーが起動
するしくみをつくってみよう

4. 200
あなたを彩る夢空間！
今日から私も舞台俳優！
動きに合わせて色が変わる
ライティングをしてみよう

5. 210
今日の風に
吹かれましょう！
インターネットの天気情報を
調べるしくみをつくってみよう

> プログラミング教育の現場から 5

体験をデザインする　　　　　　　　　　　　　　　　219

【本書ご利用の際の留意事項】
- 本書のメニュー表示などは、プログラムのバージョン、モニターの解像度などにより、お使いのPCとは異なる場合があります。
- 本書のChapter 5で紹介しているSDK用のサンプルプログラムは、オーム社ホームページ（https://www.ohmsha.co.jp）の書籍詳細ページにて提供しています。ダウンロードしてご利用ください。
- これらのサンプルプログラムは、本書をお買い求めになった方のみご利用いただけます。これらのサンプルプログラムの内容に係る著作権は、本書の執筆者である中村太戯留氏に帰属します。
- これらのサンプルプログラムを利用したことによる直接あるいは間接的な損害に関して、著作者およびオーム社はいっさいの責任を負いかねます。利用は利用者個人の責任において行ってください。

〔**プログラミング的思考の要素の一覧表**〕

以下の表は、プログラミング的思考の各要素を学べる項目を一覧表にしたものです。

●は特に学べる要素を表しています。

○は必要になる要素を表しています。

		難易度	順次	条件分岐	変数	繰り返し	タイムアウト	ランダム	And	スイッチ	遅延	イベント	配列	マッシュアップ
Chapter 2	1	低	●											
	2		○	●										
	3		●											
	4		○	○	●									
	5		○	○	●									
	6		○	●										
	7		○	●	●									
Chapter 3	1	中	○			●					○			
	2		○	○	○			●						
	3		○	●	○	●								
	4		○	○					●					
	5		○	○	○			●	●					
	6		○	●	○							○		
Chapter 4	1		○	○			●				○	○		
	2		○	○	○					●		○		
	3		○	○							●	○		
	4		○	○	○	○					○	●		
	5		○	○	●						○	○		
	6		○	○	○					●		○		
	7		○	●	○						○	○	●	○
Chapter 5	1	高	○	○							○	●		
	2		○		○			○						●
	3		○	○	○	○			●			○		
	4		○	○	○			○		○		●		
	5		○	●	○							○		○

Chapter 1

MESHの基本を知ろう

1 MESHとは

2 MESHを使うためには

3 MESHについてもっと詳しく知るためには

CHAPTER 1

1 MESHとは

1 MESHの背景にあるIoTとは

　よく耳にするIoT（Internet of Things）とは、「モノ・コトのインターネット化」とよばれ、身近なモノがインターネットとつながり、魔法のようなコトが行えるしくみで、私たちの生活の中に急速に広まっています。

　その背景として、スマートフォンなどのデバイスが普及したことや、センサーと端末をつなぐ通信環境が整ったこと、またセンサー自体の価格が以前より手に入りやすいものとなったことがあげられます。

　ただ、こうした状況にあっても、実際にIoTを身近なものとしてそのしくみをつくったり、応用したりできるのは、開発側や一部の愛好家にとどまり、一般の人々が身近に、手軽にIoTを操るというのには、まだしきいが高いという状況でもありました。そのような中、2012年ごろに登場したMESHはIoTを手軽に実現できる製品として、すでにさまざまな教育機関・企業等で利用が始まっています。

　MESHブロック（旧称、MESHタグ）は、それだけではIoTデバイスとはいえません。

　スマートフォンやタブレットなどのインターネットと接続されているデバイスとつながることで、IoTデバイスとよばれる存在になります。たとえば、MESHブロックのセンサーで読み取った情報をSNSなどのインターネット上に発信したり、インターネット上の情報を取得してMESHブロックを動作させたりすることができます。

　「鍋のお湯が沸とうしたときに知らせてほしい」や「かさをもち帰ることを忘れそうなときに教えてほしい」、そんな「あったらいいな」「もっとスマートにしたいな」と思うことを、高度な知識や技術がなくても、すぐに実現できるのがMESHです。MESHや他の連携デバイスを利用してモノづくりをすることは、まさにこれからのIoT時代にふさわしい、すばらしい経験となることでしょう。

2 MESHブロックとは

　MESHは、ソニー株式会社の新規事業創出プログラム（MESHプロジェクト）から生まれたツールの1つです（図1.1）。「あったらいいなと思えることが簡単にカタチにできる」をコンセプトとして開発されました。

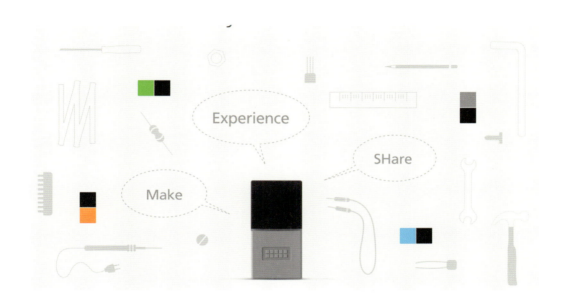

図1.1 MESH（Make、Experience、SHare）

　図1.1に示すように、MESHブロックはシンプルで親近感のあるデザインです。そして、特別な知識がなくても直感的に操作できるように設計されています。MESHブロックを身のまわりのモノに取り付けるだけで、しゃべらせたり、動かしたり、光らせたりといった、さまざまな働きをモノにプラスすることができます。遊び心やアイデアを形にすることができ、大人も子どもも楽しめる電子玩具といえます。

　MESHブロックの重さはわずか13グラムで、大きさは小さな消しゴムと同じぐらいですが、この中にはさまざまなセンサーやリチウムイオン電池、Bluetooth（無線通信装置）などが搭載されています。

また、MESHブロックは、テクノロジーに心理的距離がある人にも、親近感を抱かせるカラフルでかわいらしいデザインとなっています。

　図1.2のように、ハードウェアであるMESHブロックは全部で7種類あります。これらは、MESHブロックが感知した動きや周囲の温度、明るさなどの情報をユーザに伝えたり、ユーザからの命令にしたがって動作したりします。

　また、スマートフォンやタブレットなどのデバイスに備わっているカメラやマイクを利用する機能、タイマーやスイッチなどのロジック機能、インターネットサービスと連携する機能などもあります（図1.3）。

　これらのブロックと機能を、目的に合わせて組み合わせていく作業が、MESHのプログラミングです。MESHのプログラミングは、いわゆるビジュアルプログラミングなので、プログラミング初心者にも理解しやすいものとなっています。

　また、プログラミングするためのMESHアプリケーションも、特別な知識がなくても直感的に操作ができるように工夫されています。

図1.2　MESHブロック一覧

　さらに、SDK（Software Development Kit、ソフトウェア開発キット）を使ってカスタムコードを作成・実行することや、ArduinoやRaspberry Piなどと連携することもできるので、プログラミング経験者にとってもチャレンジングなツールとなっています（図1.3）。

MESHブロックのその他の仕様については以下に示すとおりです。

```
通信方式　　　　　：BLE（Bluetooth Low Energy）
最大通信距離　　　：（見通し距離）約10 m
電　源　　　　　　：内蔵リチウムイオンバッテリー（充電時間：約1時間）
外部インタフェース：Micro USB（充電用）
使用温度範囲　　　：0〜35℃
```

図1.3　MESHのプログラミング方法、MESHブロック以外の機能

3 インターネットサービスとの連携

　現在、スマートフォンの普及にともない、LINEやTwitter、InstagramなどのSNSを筆頭に、情報検索や地図検索、動画共有などのWebサービスが、多くの人の生活に欠かせない存在となっています。この中で、IFTTTはそれらのWebサービスどうし、またはWebサービスとスマートスピーカーやカメラ、スマート照明などのデバイスを、簡単なしくみで連携させ（図1.4）、さらに便利なサービスを生み出すことができるものとして注目を集めています。

　このIFTTTを利用することで、MESHを使ったモノづくりの楽しさがさらに広がります。たとえば、バッグをもち上げたことをMESH動きブロックによって感知させたり、IFTTTの天気予報アプリWeather Undergroundで天候を調べたりすることができます。また、もし雨だった場合は、IFTTTでLINEと連携して「かさを忘れないで」などのメッセージをスマートフォンに自動的に送信することだってできます。さらには、プレゼントの箱を開けたことをMESH明るさブロックに感知させ、開けた瞬間の表情をIFTTTで連携させたカメラに収めることもできます。

　このように、Webサービスどうしや、インターネットサービスとデバイス、デバイスどうしを連結することでMESHブロックの魅力は飛躍的に増します。現在、IFTTT経由で300以上のインターネットサービスやデバイスとつながることができます。なお、MESHをIFTTTと連携させる具体的な方法については、Chapter 5 で紹介します。

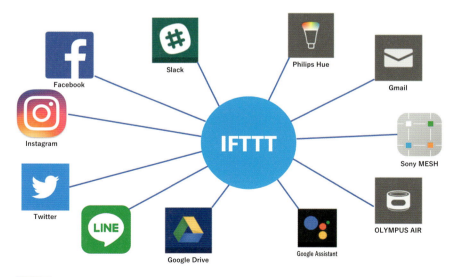

図1.4　IFTTT（Webやデバイスをネットワークで連携するサービス）

4 MESHによるモノづくりから学べること

MESHを用いたモノづくりによって、「記憶・暗記」ではなく「思考」や「創造」を重視した学びを得ることができます。

また、デバイスとプログラミングを組み合わせ、人間の感覚や身体性をも取り込みながら、ITリテラシーや問題解決能力を育むことができるツールであると評価されています。[1]

MESHは、センサーやスイッチなどの機能と身近なモノを組み合わせ、使う人それぞれのアイデアをプログラミングで実現できるツールです。

プログラミングの基本的な考え方が身につくだけでなく、世の中のモノやインターネットサービス、さらには電気のしくみなどについて論理的に理解することができます。

また、MESHは画面の中だけでなく、モノとセンサーなどを組み合わせてプログラミングするため、グループで協働しながら取り組むことに適し、そのグループワークを通して、コミュニケーション力やプレゼンテーション力も養うことができます。

以上のように、MESHでは新しいしくみを生み出す創造力や日常の課題を解決する思考力などを、実際の製作を通して楽しく学ぶことができます。このため、STEAM教育[2]への関心の高まりを受け、教育機関や学習塾、保護者から注目を集めています。

現在、世界中で「プログラミング的思考」が注目されています。プログラミング的思考は、IT技術者やプログラマーにのみ必要なスキルなのではなく、それによって得られる論理的思考や、さまざまな問題解決能力が、今後すべての職業に必要なスキルになると考えられています。小学校でのプログラミング教育の必修化や大学入試の改革は、これらの流れに対応する人材を育成するものです。

一方、MESHを用いれば、自由な発想で楽しみながら身のまわりのモノやコト、生活で役立つモノやコトを題材に、新しいしくみをつくり出し活用することができ、これによって、プログラミング的思考が自然と身についていきます。

これは、手順が決まったことを一方的に実施させるのではなく、自由な発想で学ぶスタイルであるからこその特徴だと思います。

このようにMESHは、モノや環境、人とのインタフェースをデザインするIoT時代のプログラミングにふさわしいツールであり、子どもから大人まで、幅広いユーザに対してIoTプログラミングの入門ツールとして、最適な学習体験を提供してくれます。

---

[1] 第2回キッズデザイン賞クリエイティブ部門で経済産業大臣賞を受賞
[2] Science、Technology、Engineering、Mathematicsの頭文字で、科学・技術・工学・数学の教育分野を総称したもの。

CHAPTER 1

2 MESHを使うためには

1 MESHアプリのインストールと起動

　MESHを利用するために、難しいプログラミングや電子工作の知識は必要ありません。スマートフォンかタブレット（iOSまたはAndroid）、PC*があればすぐに利用することができます。

　MESHのプログラミングでは、MESHレシピとよばれる、MESHブロックの「ふるまい」を決めた設計図をスマートフォンやタブレットなどのデバイスで作成する必要があります。まず、各アプリストア（図1.5）からMESHのアプリをダウンロードし、デバイスにインストールしましょう。iOS版MESHアプリはApp Store、Android版はGoogle Play、Windows版はMESHの公式サイトよりダウンロードすることができます。

https://itunes.apple.com/jp/app/mesh-creative-diy-toolkit/id981090691?&mt=8

https://play.google.com/store/apps/details?id=jp.co.sony.mesh

Windows10用アプリダウンロード
https://lp.meshprj.com/downloads/windows/MESH-1.1.0-x64-windows-ja.msi

図1.5

* iOS 9.0以降、Bluetooth 4.0（Bluetooth Low Energy）を搭載
Android 5.0以降、Bluetooth 4.0（Bluetooth Low Energy）を搭載
Windows 10 Creators Update（1703）以降、Bluetooth 4.0（Bluetooth Low Energy）
※64bit版のみ、※Sモードは除く

以降、本書では次の環境下で説明します。

＜デバイス＞ *
- iPad Air（2014年モデル）
- iOS 12.1.4

＜アプリ＞
- MESH ver. 1.12.0

2 MESH アプリの起動

MESHアプリをインストールすると、図1.6の矢印付きの枠のようなアイコンが画面に表示されます。このアイコンを選択し、MESHアプリを起動させましょう。

図1.6 MESHアプリのアイコン

MESHアプリを起動すると次ページの図1.7のようなレシピの一覧が表示されます。
　この画面の矢印の先にある"＋"を選択すると、新しいレシピを作成することができます。

---

*　対応するデバイスとOSについては、以下のURLのMESH公式サイトで、詳しく確認してください。
　　https://support.meshprj.com/hc/ja/articles/212601267　-MESHはどのようなOS-機器で利用できますか-

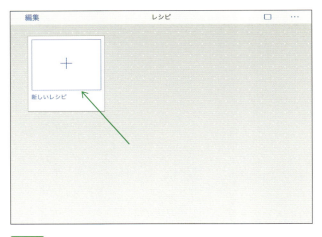

図1.7 MESHレシピの一覧

　新しいレシピを開くと、図1.8のような画面が表示されます。この碁盤の目のような部分を「キャンバス」とよびます。ここにMESHブロックを配置することで、配置されたMESHブロックを使用できるようになります。MESHブロックを追加していない場合は、画面右側の「ブロック」の下には何も表示されません。なお、「タブレット[*]」と「ロジック」のブロックについては、はじめからカメラやAndなどが表示されています。

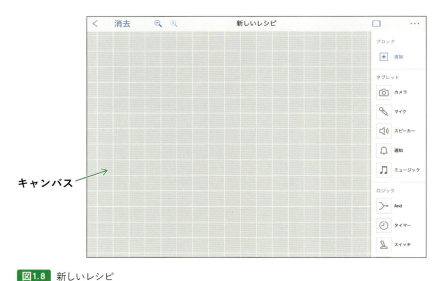

図1.8 新しいレシピ

---

[*]　スマートフォンの場合は「モバイル」と表記されています。

10

それでは、MESHアプリにMESHブロックを追加してみましょう。
MESHでは、この手続きを「ペアリング」といいます。

3 ペアリング方法

ここでは、実際にMESHブロックをMESHアプリに追加し、MESHブロックを使えるようにするまでの流れを体験してみましょう。

1 MESHブロックの電源を入れる

まずは、MESHブロックの電源を入れましょう。図1.9（ここでは例としてボタンブロック）のように、MESHブロックのアイコン（やわらかいゴムの部分）を短く1回押してみてください。

緑色、あるいは、黄色、赤色のランプが点灯したら、電源が入っている状態です。ランプの色はバッテリー残量を表し、緑は50％以上、黄は30％以上50％未満、赤は30％未満です。

もし点灯しない場合は、アイコン部分を約2秒間押して電源を入れてください。それでもランプが何も反応しない場合はバッテリー残量がなくなっている可能性が高いので充電しましょう。

図1.9 MESHブロックの電源ボタンの位置

ちなみに電源を切る場合もアイコンを約2秒間押し続けます。

2 MESHブロックをMESHアプリに追加する

MESHアプリを起動し、レシピを開いたら、図1.10の矢印箇所の"＋追加"を押して「新しいMESHブロックを探しています」というタイトルのウィンドウを表示させます。

次に、図1.11のようにMESHブロックのアイコン部分を2回連続で押し、青色に発光させます。数秒間待つとMESHアプリがブロックを発見し、図1.12のようなポップアップウィンドウが表示されます。

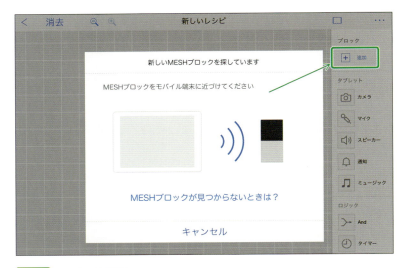

図1.10　ペアリング手順1

図1.11　ペアリング手順2

　図1.12のような「Bluetoothペアリングの要求」というタイトルのポップアップウィンドウが表示されたら、表示されているMESHブロックのシリアル番号を確認し、"ペアリング"を選択します。シリアル番号とは、それぞれのMESHブロックの裏面に記載された固有の値のことです。
　ペアリングに成功すると、追加したMESHブロックのアイコンが画面右側の一覧に表示されます。図1.13の例ではボタンブロックがペアリングされ、右側のブロック一覧にボタンブロックのアイコンが追加されています。これでボタンブロックを使ったレシピの作成を行うことができます。

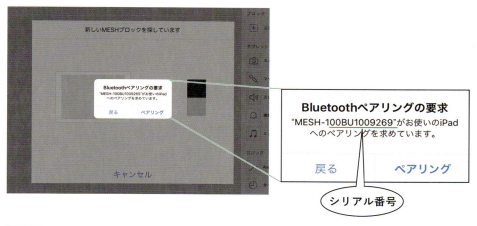

図1.12 ペアリング手順3

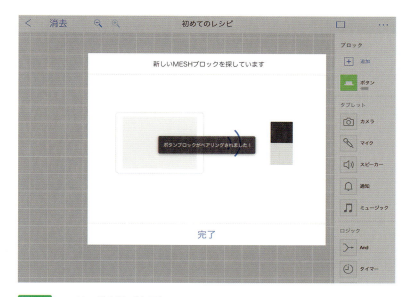

図1.13 ペアリング手順4（完了）

　ペアリングに失敗し、図1.14のようなウィンドウが表示されたら、表示内容にしたがって操作してみましょう。とくに、数多くのMESHブロックをペアリングしていくと、追加したいブロックを認識しづらいことがあります。そのようなときは、図1.14の説明どおりにデバイスのBluetooth設定から該当するブロックの登録を解除し、もう一度ペアリング作業を行ってみましょう。

図1.14 ペアリングに失敗した場合

　ボタンブロックと同様にLEDブロックも追加したら、それらをキャンバスに配置します。

　図1.15に示すように、ブロックの一覧から追加したいMESHブロックのアイコンを指でひっぱるように（ドラッグアンドドロップ）して、キャンバス上に移動させます。

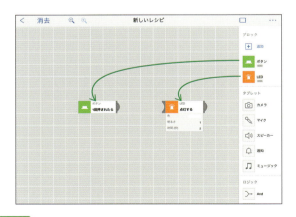

図1.15 ブロックの一覧から追加したいMESHブロックを移動させる

MESHブロックには、入力端子と出力端子があります。ブロックの右へ出ていく線が出力で、左から受けとる箇所が入力になります。たとえば、図1.16の場合は、ボタンブロックの右端（出力端子）を指でひっぱるようにしてLEDブロックの左端（入力端子）にもっていくと線で結ばれます。これで2つのブロックが接続され、ボタンブロックから出力された信号をLEDブロックが受けとると、指定のアクションを行う（この例では、ボタンを押すとLEDが点灯する）ことになります。

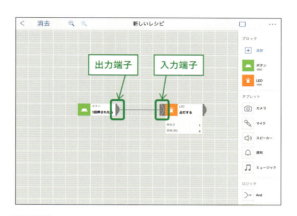

図1.16 ブロックの入力と出力

　さらに、図1.17のように、同じ種類のブロックをいくつも配置することができます。ブロックどうしの接続を変えて何度も試してみましょう。ブロックの数が増え、画面に収まらなくなってきた場合は、画面の上の虫めがねのアイコン"🔍""🔍"を押すか、ピンチインアウト操作（画面を2本指でつまむような操作〔ピンチイン〕と、広げるような操作〔ピンチアウト〕）で、キャンバスの拡大率を変えてみましょう。

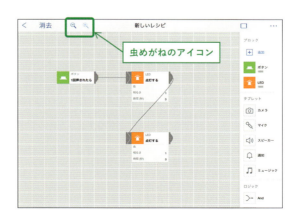

図1.17 キャンバスの拡大・縮小

ブロックどうしは自由に結びつけることができますが、図1.18のように終わりのない接続をしてしまうと「ループ」が起きたと判定され、図1.19のエラーメッセージが表示されます。
　このようにMESHでは、無限に処理がくり返されるようなレシピを禁止しています。

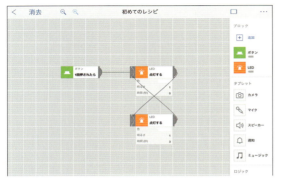
図1.18　終わりのない接続の例

図1.19　ループのエラー表示

3　MESHレシピの保存、削除、レシピ名の変更

　図1.20（上）の矢印箇所にある"＜"を選択すると、レシピ一覧に戻ることができます。レシピ一覧に戻った時点で先ほどまで作成していたレシピが自動的に保存されていることがわかります（図1.20（下））。

図1.20　レシピ一覧に戻る方法

16

レシピのファイル名を変更したい場合は、図1.20（下）の矢印箇所にあるアイコン"❶"を選択すると図1.21のウィンドウが表示されます。

　ここで、矢印箇所にあるレシピ名を選択すると、名前を入力し直すことができます。たとえば、"初めてのレシピ"という名前に変更し、"OK"ボタンを押すと、図1.22のようにレシピ一覧に変更した名前のレシピが表示されます。

図1.21　レシピ名の変更

図1.22　レシピ名変更後の一覧表示結果

　レシピを削除したい場合は図1.23のゴミ箱のアイコンを押し、削除したいレシピを選択します。バックアップをとるなど、レシピをコピーしたい場合は、図1.24のコピーのアイコンを押します。

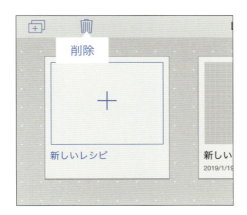

図1.23　レシピの削除方法

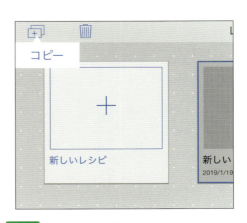

図1.24　レシピのコピー方法

CHAPTER 1

3 MESHについてもっと詳しく知るためには

1 MESH プログラミング教育サイト

　MESHプログラミング教育サイトでは、MESHを使ったプログラミング教育に関する授業やワークショップを実施するための支援アイテムが掲載されています。たとえば、教育者向けガイドやワークショップのマニュアル（動画も含む）、プログラミング課題集などが載っています。

　2019年4月現在、このサイトのURLは以下のとおりです。

　　　`https://www.sony.jp/professional/solution/pgm-edu/mesh/`

　また、「デザインパターンカード」とよばれる、MESHができることと、その実現方法の説明図が描かれたカード集や、GPIOブロックを使ったモーターの動かし方やブレッドボードの配線方法「はじめての GPIOガイド」なども掲載されており、教育にMESHを導入するための便利なコンテンツが充実しています。

　MESHの公式サイト（`http://meshprj.com/jp/`）にアクセスすれば、各MESHブロックの特徴や機能を調べることができます（図1.25）。このインターネットサイトには、そのほかに、IFTTTによって連携したインターネットサービスの例や、DCモーターなどを用いた電子工作への拡張方法、MESHを学びに活用するためのヒント、トラブルへの対処方法などが豊富に掲載されています（図1.26）。

図1.25　MESHの公式サイト

図1.26 MESHプログラミング教育サイト

2 MESH レシピサイト

　MESHを使った具体的なアイデアやモノづくりを知るために、MESHのレシピが投稿されたサイト「MESHレシピ集」（https://recipe.meshprj.com/jp/）がとても役立ちます。

　MESHレシピ集はシーンやブロックに分かれていて、たとえば「明るさブロック」を使ってどのようなコトができるのかについて、作品の目的や作成方法をすぐに調べることができ、MESHだからこそのおもしろい、実用的で役に立ちそうなアイデアにあふれた魅力的なサイトになっています。

　本書でMESHの基本やアイデアのヒントを学び、ぜひともこのMESHレシピ集へ作品を投稿してみてください。

1 プログラミング教育の現場から

スタート

プログラミング教育の現場からのメッセージ

　いま、なぜプログラミング教育が注目されているのでしょうか。2020年からの小学校でのプログラミング教育の義務化であるとか、IT技術者の不足が叫ばれる中、将来有望な職種としてプログラミング技術者を考えている人もいるかもしれません。しかし、プログラミング教育とは、単にプログラミング技術者を育てようとか、プログラミング言語を覚えてもらおうといった取組みだけが行われているわけではありません。

　現在の世の中の問題や状況を指して、「VUCA（ブーカ）な時代」と称されています。Volatility（変動性）、Uncertainty（不確実性）、Complexity（複雑性）、Ambiguity（曖昧性）という時代の特徴を表す4つのキーワードの頭文字からつくられた用語です。このような時代を生き抜いていく子どもたちが身につけなければならない能力として、プログラミング的思考やデザイン思考といった思考法が注目されてきているのです。このような時代であるからこそ、マイコンボードや電子ブロックを活用した簡単IoTプログラミング*を通じて、問題を解決をしたり、アイデアを形にして発信したり、自己表現したりすることを学ぶプログラミング教育の取組みが注目されているのです。

　Chapterごとに、4つのプログラミング教育の現場を訪問したときの様子をコラムとして紹介します。一般にプログラミングというと、コンピュータに向かって摩訶不思議な言語でプログラムをつくる、という印象をもたれているかもしれません。しかし、実際のプログラミング教育には多様なアプローチが存在します。そのような多様な現場のさまをお伝えしたいと思います。

　個別の教育現場をみていく前に、本書で紹介し

「ときには大人が熱中している姿をみせよう。」

ているような簡単IoTプログラミングが教育においてなぜ重要なのかを、4つの教育現場から得られたメッセージとして、紹介したいと思います。

① **理解に先んじて実践！　まずはまねることから始めましょう**

大人のやったことをまねしてやるだけでも、子どもは巧みにプログラミング環境を操ります。理解がなくても有能そうに振る舞えるのです。結果として作品ができ、モノが動く喜びを体感することができます。まずはまねして行動することが、学習のスタートポイントです。簡単IoTプログラミングによる学習には、他者の操作や結果が、学び手に可視的になるという特徴によって、まねるという行為を促進しやすい環境があるといえるでしょう。

② **子どもが表現したい物語が大切。大人はメンターに徹しましょう**

子どもには語りたい／表現したい物語があります。プログラミングの技術は、その手段に過ぎません。手段を教育のゴールにするのではなく、子どもたちが達成したいことをゴールとして、その達成を手助けするのが周囲の大人の役割です。大人たちはプログラミングの「教育者」ではなく、子どものやりたいことを支援する「メンター」に徹し、子どものもつ能力を最大限に引き出してあげる役割を担う必要があります。綿密に準備されたカリキュラムの実行者ではなく、子どもたちの状況に応じて臨機応変にプログラミング学習を促す柔軟性が求められます。

③ **素材と機能との「対話」が発想力の源泉です**

アイデアはゼロから生まれません。既存のアイデアを組み合わせたり、触媒を通して新しい形に変化させることで生まれてくるものです。簡単IoTプログラミングでは、作品をつくるための素材や、電子ブロックやマイコンボードといったプログラミングキットが提供する機能との対話を通じて、つくり手に内在する創造力が触発され、アイデアが創出されます。このような身体的なインタラクションは、ときには、個人の創造力を超えたアイデアを生み出す可能性を広げてくれます。この発想力の源泉が素材や機能との「対話」なのです。

④ **複数の思考法による複線的な問題解決へのアプローチを身につけましょう**

現代社会は問題が定義できれば一直線で解を得られるという時代ではありません。複線的な問題解決のアプローチを学ぶことが重要なのです。例えば、簡単IoTプログラミングを通じて、問題を定義し、論理的に分解し、一連の手順に組み替えるといったトップダウン的なアプローチ（論理的

思考、プログラミング的思考）を学ぶことができます。一方で、問題も解も明確ではない状況で、プロトタイピングと評価のサイクルを回しながら、解を探索するというボトムアップ的アプローチ（デザイン思考）も学ぶことができます。一見すると真逆にみえるアプローチですが、両方の考え方があってこそ、現実世界の複雑な問題に取り組み、解決することができるのです。

⑤ 継続した学びによる成長で、教室内の学習者から社会の問題解決者へ

　簡単IoTプログラミングの学習を継続していく中で、子どもたちはそこで学んだ考え方が単にプログラムを作成することではなく、自分の身のまわりの日常生活や社会の問題解決においても、同様な考え方で問題が解けることに気づいていきます。

　そして、それらを解こうと問題解決にかかわっていくようになります。問題を解決するために道具が足りなければ、簡単IoTプログラミングを通じて、自分自身で道具をつくるようにもなります。

　学びの成長とともに、教室から家庭（日常生活）、社会の問題へと関与の幅を拡大していくのです。このことこそが、教室を抜け出し、生活や社会の中での問題解決者になることであるといえるでしょう。

　これらのメッセージから、プログラミングを学ぶということは、単にプログラマーを目指すための教育ではなく、より汎用的な問題解決のスキルや思考法を身につけるためになされるもので、幅広い方々を対象に行うものであることが伝わったのではないでしょうか。

　みなさんは「お百姓さん」ってご存知ですか？きっと多くの人が「農業をやっている人」と思われているのではないでしょうか。お百姓さんの語源は、百個の姓をもつ人、つまり、たくさんの職

業をする人を意味しています。農業は自然を相手にしているわけですから、決まりきったやり方や、既成の道具だけでは対応できないこともたくさんあるそうです。田畑も作物も気象といった自然環境も、毎日、毎季節、毎年変わるのですから、その変化に柔軟に対応できないと、農業を継続することは困難なのでしょう。

　そこで、彼らは、自分たち自身で試行錯誤しながら、やり方を工夫し、農作業の道具を手づくりして、つど遭遇する困難な状況の問題解決にあたっているのです。まさにVUCAな時代における最も柔軟で強靭な問題解決者といえるのではないでしょうか。

　VUCAな時代においては、問題が複雑化・個別化してきた世の中では、従来のような画一化した解決策では多くの問題を解決していくことが困難となってきます。誰かが解決のための手段や道具を提供してくれるのを待っているだけでは、生きていくことが困難となってくる時代といえます。

　これからは、自分たち自身の身のまわりで生じるさまざまな問題に対して傍観者ではなく当事者として、自分で問題解決に関与し、解決のための道具やしくみをつくっていく創造者になっていくことが求められているといってよいでしょう。

　これこそ21世紀に求められる「生きる力」ではないでしょうか。簡単IoTプログラミングはこのような力を獲得するための１つの、しかしながら有力な手段といえるでしょう。

　ぜひ一緒にチャレンジしていきましょう!!

＊　**簡単IoTプログラミング**：電子ブロック「MESH」やマイコンボード「micro:bit」などのような、実世界のモノと電子世界のプログラムを連動させることで、サイバーフィジカルなモノやサービスをつくることができるプログラミング環境をいう。

Chapter 2

MESHを使ってみよう

1 夜空に光るホタル
ホタルの光を再現してみよう

2 スマートサイコロ
出た目に合わせてしゃべり出す賢いサイコロをつくってみよう

3 スマート監視カメラ
人を発見したら自動的にカメラ撮影するしくみをつくってみよう

4 サプライズ箱
開けるとメッセージが流れる素敵な箱をつくってみよう

5 簡易スマートHome
声をかけると室温を教えてくれるしくみをつくってみよう

6 電気の有効利用!
スマートライトをつくってみよう

7 乾燥していますよ!
湿度が低いと知らせてくれるしくみをつくってみよう

CHAPTER 2

1 夜空に光るホタル
≫ ホタルの光を再現してみよう

　夏の夜空を1ぴきのホタルが飛びまわるようすをLEDブロックで表現してみましょう。LEDブロックの機能を利用すれば、まるで本当にホタルが発光しているかのように「ふわっと光らせる」ことが簡単にできます。

学ぶこと

1 MESH設定・操作方法

	MESHの動作または条件、値の設定
ボタンブロック	1回押されたら
LEDブロック	点灯する、ふわっと光る
	色、明るさ、時間（秒）、周期（秒）

2 プログラミング的観点

》 1つずつこまめに動作確認を行う

　プログラムを作成する際に、一度にすべてを作成してしまうことがよくあります。しかし、エラーが起きたり、意図しない結果になったりしたときに、プログラムが複雑であると原因の特定が難しくなります。いっぺんに完成を目指すのではなく、小さな目標を立て、1つずつ確実に動作することを確認しながら作成していくことが大切です。

》 順次処理について理解する

　『ボタンが押されるとLEDランプが点灯し、音が出る』というようなしくみをつくるためには、MESHキャンバス上に1つのボタンブロックとLEDブロックとスピーカーを配置し、図2.1の「処理1」から「処理3」のように直列に接続すると実現することができます。なにか実現させたいことがあった場合、一連の流れを分解し、1つひとつの処理を並べて組み合わせれば、複雑な処理を実現することができます。このように複数の処理を並べて順序どおりに実行していくしくみを順次制御といいます。

図2.1　順次処理

> **準備するモノ**

- 画用紙
- 色鉛筆またはカラーマジックペン
- わりばし×1
- 輪ゴム×2

作成手順

1. 色鉛筆などを使って、ホタルが飛んでいそうな夏の夜空を画用紙などに自由に描きましょう。

2. 画用紙などに夏の夜空が描けたら、いよいよMESHレシピの作成です。まず、スマートフォンやタブレットなどのデバイスからMESHアプリを起動しましょう。

3. MESHアプリを起動したら、新しいレシピを作成してください。

4. MESHキャンバスが表示されたら、ブロック一覧に、図2.2①のボタンブロックと②のLEDブロックのアイコンが表示されていることを確認してください。
表示されていない場合は、Chapter 1のペアリング方法で説明したように「＋追加」を押してボタンブロックとLEDブロックを追加します。

図2.2　ペアリングされたブロックの一覧

5. ボタンブロックとLEDブロックが認識されたら、キャンバス上にブロックを1つずつ配置し、図2.3のようにボタンブロックからLEDブロックへ線をつなぎます。

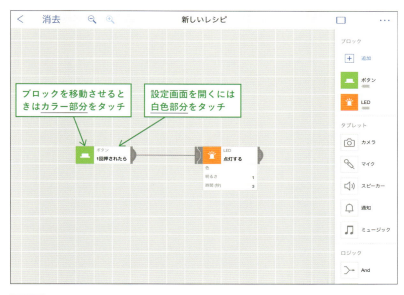

図2.3 ブロックの移動と設定画面の開き方

6 ボタンブロックの設定画面を開くために、図2.3に示すようにキャンバス上に配置したボタンブロックの文字の部分を選択しましょう。図2.4の矢印の箇所に「1回押されたら」と表示されていることを確認し、画面下の「OK（オーケー）」ボタンを押してください。

図2.4 ボタンブロックの設定画面

7 次に、キャンバス上に配置したLEDブロックの設定画面を開きましょう。図2.5のようにはじめは「点灯する」に設定されているので、「ふわっと光る」に変更し、「OK」ボタンを押します。キャンバスに戻ったら、ここで一度、レシピの動作を確認してみましょう。

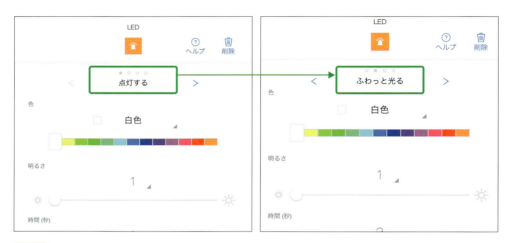

図2.5　LEDブロックの設定画面

8 ボタンブロックの黒い部分にあるボタンを押すとLEDブロックのランプから白色の光が3回点灯するようすを確認できます（ボタンブロックのボタン位置は図2.6のとおりです。緑色のアイコンとまちがえないように注意しましょう）。

図2.6　ボタンブロックのボタンの位置とLEDブロックのランプの位置

28

9 ここで、LEDランプの点灯をホタルの光に近づけるために、ホタルの光について調査します。インターネットや書籍などで、ホタルの発光の特徴（色、明るさ、点灯時間、点灯間隔など）を調べてみましょう。

10 ホタルの光の調査が終わったらLEDの設定に戻りましょう。LEDブロックの初期設定では、色は「白色」、明るさは「1」、点灯時間（秒）は「3」、点灯する周期（秒）は「1」に設定されています。

　これをホタルの光に近づけるために、たとえば色を「黄緑色」、明るさを「5」、時間（秒）を「10」、周期（秒）を「3」にして動作を確認してみましょう（図2.7参照）。このような試みをくり返し、意図したとおりにLEDブロックのランプが点灯するまで調整をくり返し行います。なお、LEDブロックの設定画面を開いたままでも動作を確認することができます。

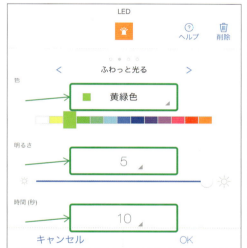 

図2.7 LEDブロックの点灯設定

11 LEDブロックの点灯時間は最大で30秒です。30秒以上点灯させたい場合は、キャンバス上で図2.8のように複数のLEDブロックを直列につなげます。たとえば約1分間点灯させたい場合は、時間（秒）を「30」に設定したLEDブロックを2つつなぎます。

図2.8 複数のLEDブロックの連結

12 レシピが完成したら、図2.9のようにLEDブロックを輪ゴムなどでわりばしに固定します。
　そして、夏の夜空を描いた画用紙の裏からLEDブロックを押し当て、ホタルが飛んでいるかのように動かしてみましょう。

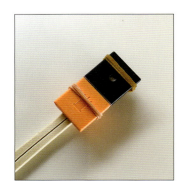

図2.9 LEDブロックの取り付け

> **チャレンジしてみよう**

　ボタンブロックとLEDブロックをそれぞれ1つだけ用いて、信号機の点灯を表現してみましょう。

　単に3つの色を点灯させるだけでなく、図2.10のように青（緑）→黄→赤→青（緑）と実際の順序どおりに点灯するレシピを作成してください（たとえば、キャンバス上にLEDブロックを4つ配置して直列に接続しましょう）。

　ホタルの発光と同様に、信号機の点灯の特徴を、インターネットの動画などでよく観察し、再現してみましょう。

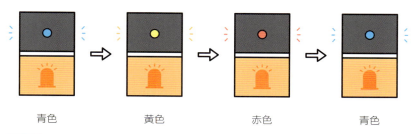

図2.10　順序どおりに点灯させるイメージ

Memo

CHAPTER 2

2 スマートサイコロ
≫ 出た目に合わせてしゃべり出す
賢いサイコロをつくってみよう

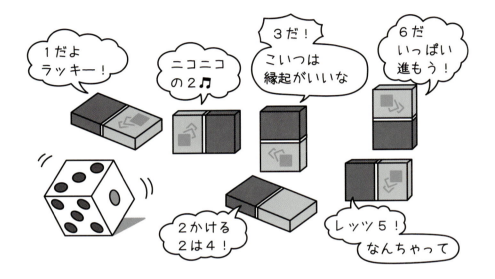

　サイコロを振ると出た面に合わせてしゃべり出す"スマートサイコロ"をつくってみましょう。単に出た目の数字をしゃべらせるだけでもかまいませんが、ゲームを盛り上げるために出た目に合わせて効果音を出すなど、ふつうのサイコロではできないおもしろいコトも考えてみましょう。

学ぶこと

1 MESH設定・操作方法

	MESHの動作または条件、値の設定
動きブロック	向きが変わったら（表、裏、上、下、左、右）
スピーカー	録音する（録音ボタンを押す）
	再生する（録音したサウンド）

2 プログラミング的観点

≫ 条件分岐処理について理解する

「もし雨の予報ならかさをもって出かける」などのように、状況や条件に合わせて行動することは日常生活でよくあります。図2.11に示すように、天気予報を確認したときに「雨予報である」という状況に一致した場合、「Yes」の矢印方向に進み、かさをもって出かけるという行動を起こします。

このように、人間は行動するための条件を自分で設定することができますが、基本的にコンピュータにはそれができません。コンピュータに命令したい場合は、命令を実行させるための条件もいっしょに与える必要があります。

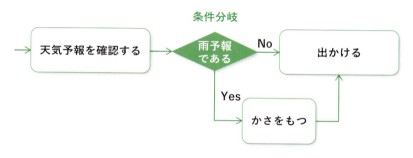

図2.11 条件分岐処理の流れ（例：雨予報）

今回つくるスマートサイコロの場合、出た目に合わせてそれぞれ異なる音声が再生されるように条件を設定する必要があります。そこで、動きブロックの機能の1つである「向きが変わったら」を使って、図2.12に示すような条件分岐を考えてみましょう。

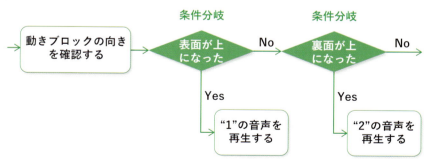

図2.12 条件分岐処理の流れ（例：スマートサイコロ）

動きブロックの「表面が上になった」場合、設定した条件に一致します。すると、図中の「Yes」の矢印方向にある、「"1"の音声を再生する」というアクションが実行されます。もしも動きブロックの表面が上になっていない場合は「No」の矢印方向に進みます。そして、次に設定した条件である、動きブロックの「裏面が上になった」に一致するかどうかを判定し、判定結果にしたがって処理が流れていきます。

今回は、サイコロの面の数に対応して6つの種類の音声が再生されるように分岐したいので、6つの条件を設定します。それぞれの条件に一致したときに設定した音声が再生されるようにMESHレシピを作成していきます。以上のように、条件に合わせて処理を切り替えるしくみを「条件分岐」といいます。

コンピュータが動くしくみはChapter 2の①（25ページ）で学んだ「順次処理」と、ここで学んだ「条件分岐処理」、そしてChapter 3以降で扱う「くり返し処理」の3つだけです。これら3つの要素を組み合わせることで複雑な命令もコンピュータに与えることができるのです。

準備するモノ

- 厚紙または画用紙
- 色鉛筆またはカラーマジックペン
- はさみ
- のり
- テープ

作成手順

1 まず、サイコロの中に動きブロックを入れるために、ブロックの長辺の長さを基準にして図2.13のような立方体の展開図を描きます。

展開図が描けたら外枠をはさみなどで切りとり、サイコロの形に組み立てられることを確認しましょう。後で動きブロックをサイコロの内側に貼り付けるので、まだサイコロを貼り合わせずにおいておきます。

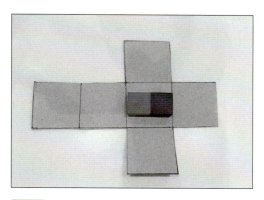

図2.13 サイコロ（立方体）の展開図

2. MESHアプリを起動し、ブロック一覧に動きブロック（水色のアイコン）が表示されていることを確認します。

表示されていない場合は、Chapter 1のペアリング方法（11ページ）を参照してください。

3. キャンバス上に動きブロックを1つ配置し、設定画面を開きましょう。

図2.14のように、初期設定では「振られたら」になっているので、「>」のアイコンを押して「向きが変わったら」に変更します。

そして、その下にある「表（おもて）」を選択したら「OK」ボタンを押します。

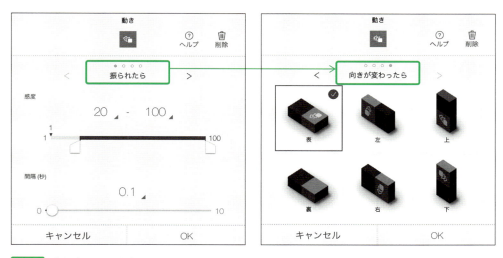

図2.14 動きブロックの設定

4 次に図2.15のようにMESHアプリのブロック一覧からスピーカーを選択し、キャンバス上に1つ配置します。

　先ほど配置した動きブロックとスピーカーを線でつなげます（図2.16）。

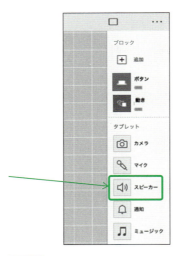

図2.15　スピーカーを選択する

図2.16　動きブロックの動作確認用レシピ

5 ここで一度、動作確認をしましょう。図2.17のように動きブロックの表面を上にすると、「ベルの音」がMESHアプリを起動しているデバイスのスピーカーから再生されます。

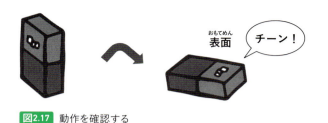

図2.17 動作を確認する

6. 図2.18のように、スピーカーでは、初期値として「ベルの音」が設定されています。これを録音したオリジナルのサウンドに変更するためには、まず、スピーカーの設定画面を開き、矢印の「追加」の文字を押します。

図2.18 オリジナルサウンドの追加方法

7. 「録音」と「ミュージック読み込み」の選択肢が表示されるので、「録音」を選択します（図2.19）。

図2.19 オリジナルサウンドの録音方法

8 録音ボタン（画面の丸印）を押して録音を開始します（図2.20）。しゃべったり物音を立てたりして、オリジナルサウンドを録音しましょう。

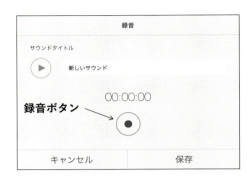

図2.20 録音ボタン

9 録音を開始すると図2.21のように丸が点灯し、表示の録音時間が経過していきます。

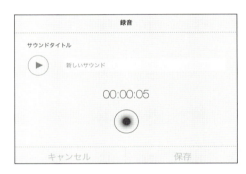

図2.21 録音中の画面

10 録音を終了するためには、もう一度録音ボタンを押します。

　図2.22のように録音したサウンドの名前を変更する場合は、サウンド名を押すと入力し直すことができます。録音したサウンドを確認したい場合は三角印の再生ボタンを押します。最後に"保存"ボタンを押してもとの画面に戻りましょう。

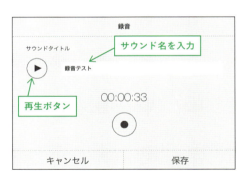

図2.22 再生ボタンの位置とサウンド名の変更方法

11 先ほど録音したオリジナルのサウンド「録音テスト」を再生する設定になっていることを確認したら、「OK」ボタンを押してスピーカーの設定を終了します（図2.23）。

図2.23 スピーカー「再生する」の設定

12 なお、録音したサウンドは画面左側のカテゴリ上にある「録音したもの」の中に記録される（図2.24）ので再利用することが可能です。

図2.24 「録音したもの」の一覧

13 それではレシピを作成しましょう。図2.25のように動きブロックの6つの向きとサイコロの6つの目をそれぞれ1対1でつなげてください。

レシピを作成し終えたら、実際にサイコロの中に動きブロックをテープなどで固定しましょう。

サイコロの面と音声が一致していることを確認してください。

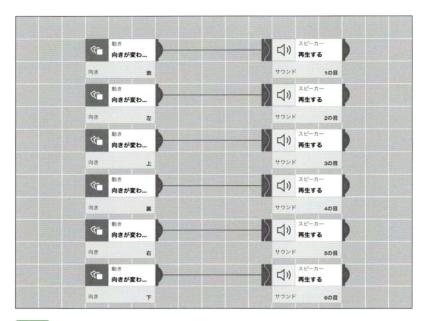

図2.25 スマートサイコロのMESHレシピ

チャレンジしてみよう

　動きブロックをカラダやモノに取り付け、カラダやモノを動かすことによって状況や条件に応じたさまざまな効果音が再生されるしくみをつくって遊んでみましょう。

図2.26

Memo

CHAPTER 2

3 スマート監視カメラ

≫ 人を発見したら自動的にカメラ撮影する
しくみをつくってみよう

　MESHブロックを使って、人の動きを感知したときに自動的に写真を撮るしくみをつくります。

　できるだけ相手の視線がカメラ方向へ向くようにするために、注意をひく音を出す工夫もします。作品をつくりながら人感ブロックとカメラの利用方法について理解しましょう。

学ぶこと

1 MESH設定・操作方法

	MESHの動作または条件、値の設定
人感ブロック	感知したら（間隔（秒））
カメラ	写真を撮る
	カメラ位置（前面、背面）
スピーカー	再生する

2 プログラミング的観点

≫ 並列処理について理解する

これまでのプログラムは、図2.27のように複数の処理を直列につなぐものでしたが、並列につなぐと、どのような処理が行われるでしょうか。たとえば、図2.28ではボタンブロックの処理が終わると、枝分かれしたLEDブロックとスピーカーの処理がほぼ同時に実行されます。

今回作成するレシピでは、図2.28の例と同様にスピーカーとカメラを並列に接続しますので、音の再生と写真撮影の2つの処理を、ほぼ同時に実行することができます。このように複数の処理を同時に実行するしくみを「並列処理」といいます。

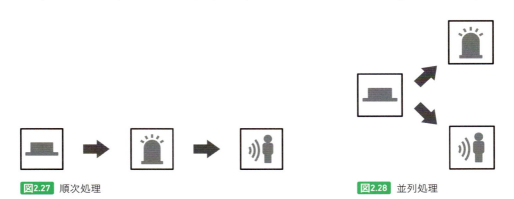

図2.27 順次処理

図2.28 並列処理

準備するモノ

- 段ボールまたは厚紙
- カッター
- ガムテープ

作成手順

1 人感ブロックとMESHアプリを動かしているデバイスのカメラ部分がふさがれないように段ボールや厚紙を切りぬき、人の感知とカメラ撮影ができるようにしておきます。

　レシピの作成が終わったら、人感ブロックとデバイスを図2.29のように組み立てましょう。

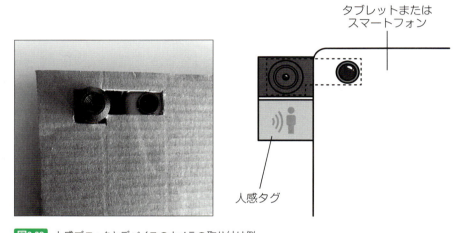

図2.29 人感ブロックとデバイスのカメラの取り付け例

2 キャンバス上に人感ブロック（エメラルド色のアイコン）が表示されていることを確認しましょう。表示されていない場合は、Chapter 1のペアリング方法（11ページ）を参照してください。

　なお、人感ブロックの感知エリアは約2〜3mです。温度の動きの変化を感知するので、ペットなどの動物にも反応します。

3. キャンバス上に人感ブロックを1つ配置し、設定画面を開きましょう。図2.30の矢印箇所が初期設定の「感知したら」になっていることを確認してください。設定画面上の間隔（秒）とは、1回感知してから次に感知するまでの待ち時間に相当します。

　たとえば、30秒間ぐらいの間に1回だけ感知させたいのであれば、図のように値を「30」に設定します。目的に応じて適切な間隔を設定してみましょう*。

図2.30 人感ブロックの設定方法

4. 次に図2.31のカメラを選択し、キャンバス上に1つ配置します。カメラの設定画面を開くと、図2.32のような画面が表示されるので、カメラ位置の項目で「前面」と「背面」のどちらのカメラを使用するかを選ぶことができます。

図2.31 カメラの選択

図2.32 カメラの設定方法

---

* 人感ブロックの対象の動きが極端に速い場合や静止している場合は、感知エリア内でも反応しないことがあります。そのほか、やかんや鍋など、検知範囲内で熱が発生している場合に誤作動することもあります。

はじめてカメラをキャンバス上に配置した場合、図2.33のメッセージが表示されるので、「OK」を選択してください。もし「許可しない」を選んだ場合は、以下の作業でカメラを使用できるようにします。

図2.33 MESHからデバイスのカメラへのアクセス要求

5 図2.34に示すように、デバイスの設定画面においてMESHアプリの設定項目の「カメラ」のチェックを「オン」にすれば、MESHアプリからデバイスのカメラを使用できるようになります。

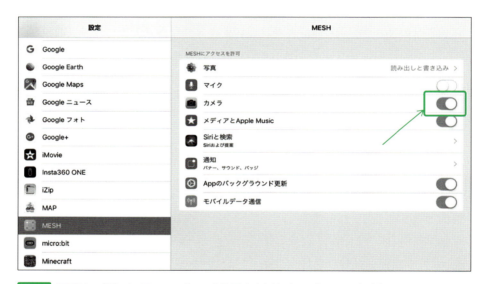

図2.34 MESHアプリにカメラへのアクセスを許可する方法（iOSデバイスの場合）

6 Chapter 2 の ② (37ページ) と同様に、スピーカーをキャンバス上に配置したら、図2.35のような設定画面からオリジナルのサウンドを録音し、再生できるように設定しましょう。

図2.35 オリジナルサウンドの録音方法

7 人感ブロックから枝分かれする形でスピーカーとカメラを並列に接続したら、レシピの完成です (図2.36)。

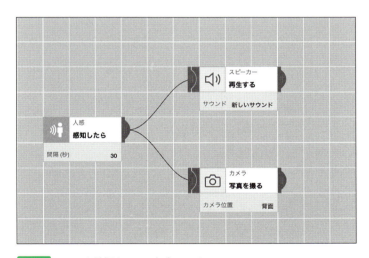

図2.36 スマート監視カメラの完成レシピ

チャレンジしてみよう

人感ブロックを使用して、人がいなくなったり熱をもったモノがなくなったりしたとき、それを知らせる音や光が出力されるしくみをつくってみましょう。

CHAPTER 2

4 サプライズ箱
≫ 開けるとメッセージが流れる
　素敵な箱をつくってみよう

　誕生日や記念日などの特別な日にプレゼントを受けとる人を驚かせる「サプライズ箱」をつくってみましょう。手紙やモノを箱の中に入れておき、箱を開けるとボイスメッセージや効果音が流れるしくみです。明るさブロックの「まわりの明るさの変化を感知する」という機能を利用して実現します。

学ぶこと

1 MESH設定・操作方法

	MESHの動作または条件、値の設定
明るさブロック	明るさが変わったら
スピーカー	録音する、再生する

2 プログラミング的観点

》変数とは

　これまでのレシピにおける条件分岐処理では、「動きブロックの向きが『表』になったら」や「人感ブロックが人のいることを『感知したら』」などのように言葉で設定してきました。しかし今回は、「明るさがある値以上になったら」というように「数値」を用いて条件分岐処理させるプログラムを作成します。明るさブロックで測定される明るさの値は、明るさブロックの周囲が暗くなれば小さくなり、逆に明るくなれば大きくなります。コンピュータでは、このように変化する値を変数として扱います。「箱を開けたとき」という、人間にしか理解できないあいまいな条件をコンピュータでも理解できるようにするために、変数を用いて条件を設定する必要があります（図2.37）。

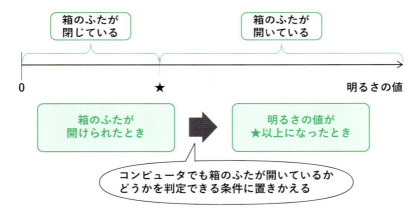

図2.37 変数を用いた条件分岐の設定

準備するモノ

- プレゼント
- プレゼントと明るさブロックを入れるための箱

作成手順

1 まず、MESHアプリを起動し、アプリ画面上に明るさブロック（青色のアイコン）が表示されていることを確認します。表示されていない場合は、Chapter 1のペアリング方法（11ページ）を実施してください。

2️⃣ キャンバス上に明るさブロックを1つ配置し、設定画面を開きましょう。図2.38の矢印箇所が初期設定の「明るさが変わったら」になっていることを確認してください。その下にある「明るさ」には、1～10の10段階で周囲の明るさを示すスライドバーがあります。スライドバーの上側の数値（図2.38の場合は「5」）は現在の周囲の明るさを示しています。スライドバーが青くなっている部分は明るさブロックが感知する範囲を示しています。

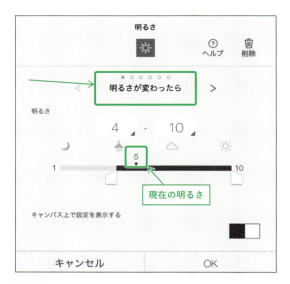

図2.38 明るさブロックの設定方法

　例えば、図2.38のように感知する明るさの範囲が「4-10」であった場合、現在の明るさが「5」であるため、明るさブロックが反応し、次の処理へ信号を送ります。

3️⃣ ここで一度、明るさの値を確認してみましょう。明るさブロックに手を近づける、あるいは手でおおうと数値が小さくなることを設定画面でリアルタイムに確認できます。実際に明るさブロックを箱の中に入れて、箱が開いたときの明るさの数値を調べてみましょう。

4️⃣ 設定画面において、上記3️⃣で調べた数値が含まれる範囲にスライドバーの青色部分を設定します。テスト用として図2.39のようなレシピを一時的に作成し、動作確認を何度もくり返してください。そして開けたときだけ、明るさブロックが反応するように条件を設定しましょう。

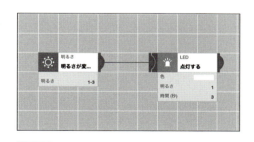

図2.39 明るさブロックの動作確認用レシピ

5️⃣ 次にChapter 2の②（37ページ）と同様に、スピーカーをキャンバス上に1つ配置し、設定画面から録音を行いましょう。箱を開けたときに受けとった人が喜ぶようなメッセージを録音してみてください。

6 最後に明るさブロックとスピーカーを図2.40のように接続し、レシピを完成させましょう。レシピが完成したら、箱の中にプレゼントと明るさブロックを入れて相手に渡しましょう（明るさブロックのセンサー部分をプレゼントでふさがないように注意（図2.41））。

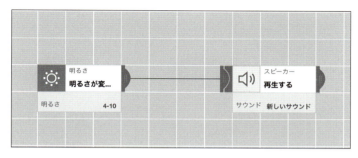

図2.40　サプライズ箱レシピ完成図

図2.41　明るさブロックのセンサー部分

チャレンジしてみよう

　明るさブロックはまわりの明るさの変化を条件として使いましたが、ブロックの目の前にモノがあるかないかをチェックすることも可能です。

　そこで、明るさブロックの周辺に置いたモノがなくなったときに、それを通知する音や光が出力されるしくみをつくってみましょう。

CHAPTER 2

5 簡易スマートHome

≫ 声をかけると室温を教えてくれるしくみを
つくってみよう

　MESHのバックグラウンド機能を使えば、インターネットを見たり料理をしたりしながら、作成したMESHレシピを動かすことができます。
　今回は、MESHを動かしているデバイスに「部屋の温度を教えて」と声をかけるだけで室温を画面に表示してくれるしくみをつくります。

学ぶこと

1 MESH設定・操作方法

	MESHの動作または条件、値の設定
マイク	音を感知したら（感度）
温度・湿度ブロック	温度を確認する（温度（℃））
通　知	通知する
MESHアプリのバックグラウンド実行	

2 プログラミング的観点

≫ 変数についてもう一度確認しよう

　プログラミングにおける「変数」とは、データを一時的に記憶しておき、必要なときに利用するための"器（うつわ）"のような存在です。今回のレシピでは、通知を使ってMESHアプリを動かしているデバイスの画面に現在の温度をテキストメッセージとして表示させます。

　したがって現在の温度を調べ、その値を使ってメッセージをつくることになりますが、温度が変わるたびにメッセージをつくり直すことは大変です。そこで、温度が何℃になっても対応できるように、メッセージ中の温度の値を表示する部分を変数にしておきます。

　このようにしておけば、温度が変わったとしてもメッセージ内容を変更せずにすませることができます（図2.42）。

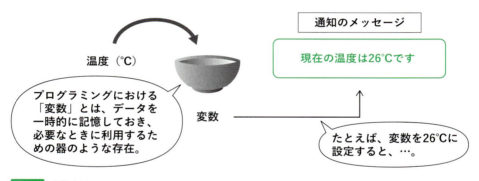

図2.42 変数とは

準備するモノ

特になし

作成手順

1　MESHアプリを起動し、アプリ画面上に温度・湿度ブロック（紫色のアイコン）が表示されていることを確認します。表示されていない場合は、Chapter 1のペアリング方法（11ページ）を実施してください。

2　キャンバス上に人感ブロックを1つ配置し、設定画面を開きましょう。図2.43のよう

に「温度が変わったら」を「温度を確認する」に変更してください。その下にある温度（℃）のスライドバーの青色部分は、感知する範囲を表しています。

　たとえば「−10−50」と設定した場合、ブロック周辺の温度が−10℃から50℃の範囲に該当したときに感知します。

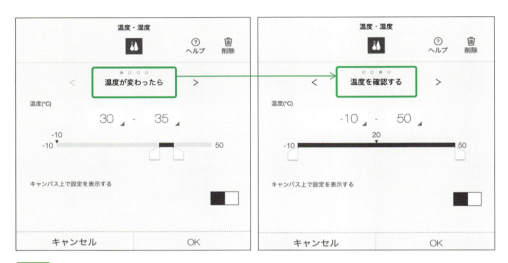

図2.43　温度・湿度ブロックの設定方法

3　図2.44に示すように、マイクを選択し、キャンバス上に1つ配置します。はじめてマイクを配置した場合、図2.45のメッセージが表示されるので、「OK」を選択してくだ

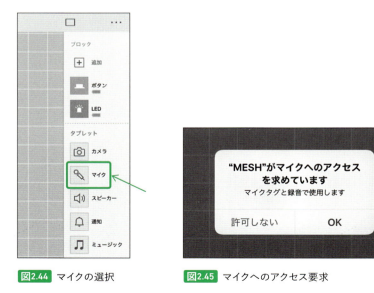

図2.44　マイクの選択　　　図2.45　マイクへのアクセス要求

さい。もし「許可しない」を選択した場合や、そもそも質問が表示されなかった場合は、次の 4 の設定を行ってください。

4 デバイスの設定画面において、図2.46のようにMESHアプリの設定項目上の「マイク」が「ON」になっていることを確認しましょう。「ON」になっていればMESHアプリからデバイスのマイクを使用できるようになります。

図2.46 MESHアプリのマイクへのアクセス許可方法（iOSデバイスの場合）

5 マイクの設定画面を開くと、「音を感知したら」という条件と感度を数値で設定することができます。

　はじめは図2.47のように感度が「50-100」に設定されています。

　また、MESHアプリを起動しているデバイス周辺の音の大きさがその範囲内にあるとき、次のブロックへ信号が送られます。

　音の大きさとスライドバー上に表示される数値との実際の耳に聞こえる関係については、設定画面を見ながら物音を立ててみて、数値の変化で確認してみましょう。

図2.47 マイクの設定方法

6 ここまで紹介した例では、MESHアプリを閉じると作成したレシピを動かすことができませんでしたが、今回はバックグラウンド機能を利用することでそれが可能になります。

　それでは、図2.48の「…」のアイコンを押して矢印箇所の「アプリ設定」の項目を選んでください。

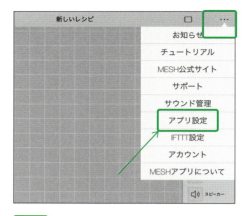

図2.48　MESHアプリでの設定画面の表示方法

7 「アプリ設定」を選択すると図2.49のウィンドウが表示されます。矢印箇所を「ON（オン）」にして「バックグラウンド実行」機能を有効にしましょう。

　なお、バックグラウンド実行中はカメラを利用できません。その他の注意事項については、図2.49の「ご注意」に示された内容を確認してください。

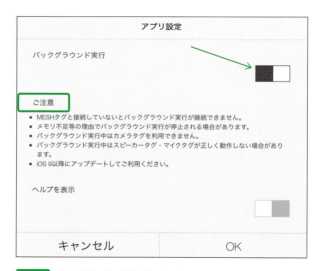

図2.49　バックグラウンド実行のON/OFF

8 次に「通知」を選択し、キャンバス上に1つ配置します。通知の設定画面を開くと、図2.50のように通知として画面に表示するメッセージを設定することができます。

　ここで、温度・湿度ブロックで測定した値を代入する変数を表示させるために、右側にある矢印箇所「＋データを追加」を押します。

図2.50　通知の設定方法

9 図2.51のウィンドウが表示されたら、温度（℃）を選択しましょう。今回は温度を追加しますが、このほか、湿度（％）、明るさ（1-10）やマイクの入力レベル（1-100）、また、図2.51には表示されていませんが振動の強さ（1-100）などが選択できます。

図2.51　メッセージに挿入する変数の選択

10 温度（℃）を追加するデータとして選択すると、図2.52（a）のように、メッセージ中にグレーの文字列が挿入され、MESHブロックのシリアル番号と温度を示す記述が表れます。

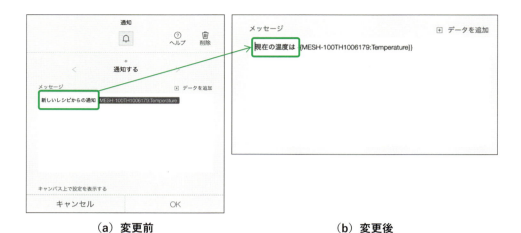

（a）変更前　　　　　　　　　　　　　　（b）変更後

図2.52 メッセージ内容の変更

11 最後にメッセージ内容を編集します。図2.52（b）のように、{ }の部分には温度の値が入るので、{ }より前の文字列部分を編集しましょう。
　なお、{ }の後ろにも文字列を追加することができます。

12 さっそく図2.53のように3種類のブロックを直列に接続してみます。マイクが音を感知したら、温度・湿度ブロックが温度を確認し、測定された温度が図2.53のようにメッセージとしてデバイスの画面に通知されるはずです。

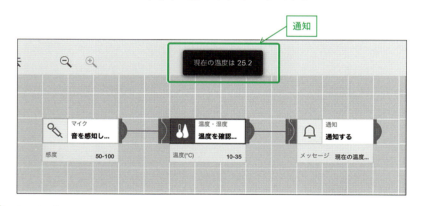

図2.53 通知の例（MESHアプリ操作中）

13 さらに、図2.54のようにバックグラウンド実行が有効になっていれば、そのデバイスでSNSを閲覧していたり、デバイスの画面表示をOFFにして近くで別のことをしてい

たりしても、今回の作成したレシピを動かすことができます。

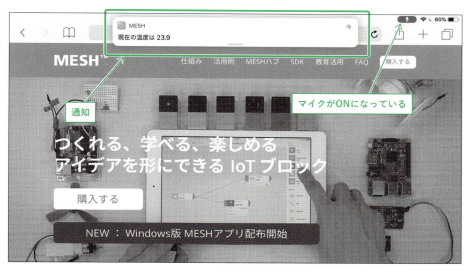

図2.54　通知の例（バックグラウンド中）

　今回のレシピを動かすためには、デバイスに向かって指定した条件に合うように声や音を出せば、通知機能を使って現在の部屋の温度を画面に表示することができます。

　ただし、裏でMESHアプリを動かしながら動画を視聴したり、音声入力などをしていると、MESHアプリがマイク機能を使用できない場合があるので注意が必要です。

　また、今回の作品は「部屋の温度を教えて」などの音声を認識できるわけではありません。単純にマイクの「音を感知したら」の機能を利用しているので、音声だけでなく、さまざまな物音に対しても、設定範囲と一致する音の大きさであれば反応します。

チャレンジしてみよう

　温度・湿度ブロックのみを室外に置き、室内から、ボタンブロックの操作によって現在の温度と湿度を通知するプログラムを作成してみましょう。

　ただし、温度・湿度ブロックはMESHアプリを起動しているデバイスと無線通信ができる範囲に設置することとします*。

---

*　MESHの仕様上、通知のメッセージに追加できるデータ数は1つだけです。温度と湿度の2つのデータを通知したい場合は、通知を2つ配置しましょう。

CHAPTER 2

6 電気の有効利用！
≫ スマートライトをつくってみよう

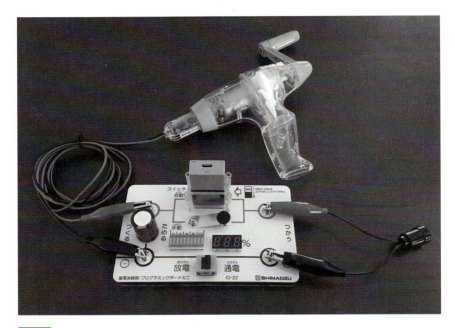

図2.55 スマートライトの完成図

　トイレの照明や駅のエスカレーターなどの中には、センサーなどを活用してこまめに作動させることにより、電気を無駄に使わないような工夫が施されています。
　また、手をかざすと水が出る自動水栓も、センサーを使った便利なしくみの１つです。
　このように、電気を有効に、そして便利に活用する例として、人がいるときにだけランプが点灯する「スマートライト」をつくってみましょう。

学ぶこと

1 MESH設定・操作方法

	MESHの動作または条件、値の設定
GPIOブロック	電源出力（ON/OFF）
人感ブロック	感知したら、感知しなくなったら
MESHアプリのバックグラウンド実行	

2 プログラミング的観点

　コンデンサを利用した実験器一式を図2.56に示します。この実験器では、手回し発電機をまわすことによってコンデンサに電気が蓄えられます。そして、図2.57のようにスイッチを押すことで通電し、LEDランプを点灯させることができます。

　さらに、このしくみに、MESHのGPIOブロックと「条件分岐処理」を追加することで「スマートライト」を実現します。

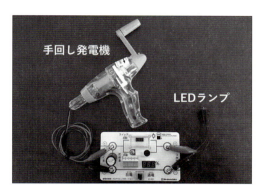

図2.56 コンデンサ蓄電実験器と手回し発電機、LEDランプを接続させたようす

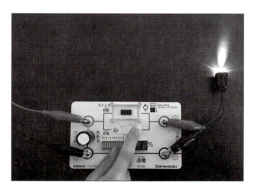

図2.57 LEDランプを手動で点灯させたようす（指でスイッチを押している）

　MESHのGPIOブロック（図2.58参照）は電気の流れを制御したり、デジタル/アナログ信号を送ったりすることができます。

　図2.59に示すように、いま使用しているコンデンサ蓄電実験器には、GPIOブロックを差し込むためのソケットがあります。ここに、GPIOブロックを差し込むと、MESHのレシピからGPIOブロックを介して、実験器の通電のON/OFFを制御することができます。

図2.58 GPIOブロック

〈条件分岐〉
- 人感ブロックのセンサーが「感知したら」
  …① GPIOブロックの電源をONにする
- 人感ブロックのセンサーが「感知しなくなったら」
  …② GPIOブロックの電源をOFFにする

〈処理〉
- ①GPIOブロックの電源がON ⇒ LEDランプを点灯する
- ②GPIOブロックの電源がOFF ⇒ LEDランプを消灯する

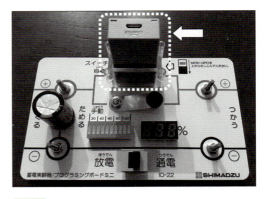

図2.59 GPIOブロックの装着

準備するモノ

〈乾電池を使用する場合（コンデンサを使用しない場合）〉

下記（コンデンサを使用する場合）の手回し発電機が用意できない場合は、次の2つを準備してください。

- コンデンサなし実験器「102-010 MESH GPIO用スイッチ SW-3」（(株)島津理化）* 図2.60参照
- 電池ボックス*
- 単三電池1本

〈コンデンサを使用する場合〉

- 手回し発電機（(株)島津理化）*
- デジタルメーター付きコンデンサ蓄電実験器「102-001 蓄電実験器/プログラミングボードミニ IO-22」（(株)島津理化）* 図2.61参照

図2.60 コンデンサなし実験器

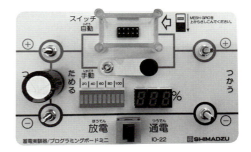

図2.61 コンデンサ蓄電実験器

* 詳しくは、以下のURLのインターネットサイトを参照。
  https://www.shimadzu-rika.co.jp/kyoiku/it/prg/

> 作成手順

1. まず、図2.55に示したように、手回し発電機とコンデンサ蓄電実験器、LEDランプをつなぎます。GPIOブロックも図2.59のように接続してください（コンデンサなし実験器を使用する場合は図2.62）。

2. 手回し発電機のハンドルをまわし、100％になるまでコンデンサに電気をためます。

3. 次に、MESHアプリを起動し、GPIOブロック（灰色のアイコン）と人感ブロック（エメラルド色のアイコン）が追加されていることを確認します。追加されていない場合は、Chapter 1のペアリング方法（11ページ）を実施してください。

4. 図2.63のように、キャンバス上に人感ブロック2つとGPIOブロック2つを配置し、接続してください。なお、各ブロックの設定方法については、作業手順 5 以降で説明します。

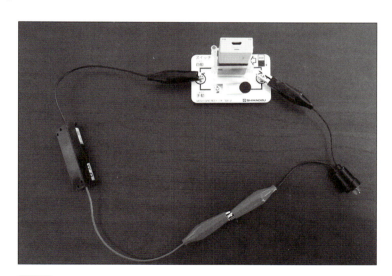

図2.62 スマートライト　完成図（コンデンサなしの場合）

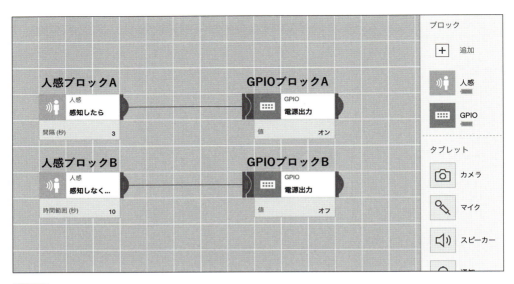

図2.63 レシピの完成図

5 さて、2つの人感ブロックについては、図2.64のようにそれぞれ設定を行います。(b) の人感ブロックBに設定する時間範囲（秒）の値は、「人感センサーが人を感知しなくなった状態が何秒間続いたら、次のブロックへ信号を送るか」を決めるためのものです。

　ここでは、人感ブロックの前から人がいなくなったときに、すぐに消灯し節電するようにしたいので、最小値の「10」を設定しています。

（a）人感ブロックA

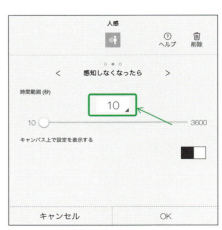
（b）人感ブロックB

図2.64 人感ブロックの設定

6　次に、キャンバス上に追加した2つのGPIOブロックについても設定を行いましょう。どちらのGPIOブロックもメニューのいちばん右にある「電源出力」を選択します。ただし、GPIOブロックAに対しては値を「オン」に、GPIOブロックBに対しては値を「オフ」に設定します（図6.25）。

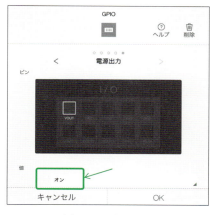

（a）GPIOブロックA　　　　　（b）GPIOブロックB

図2.65 GPIOブロックの設定

7　レシピが完成したらテストしてみましょう。スマートライトの目の前に座り、人感ブロックが感知してLEDランプが点灯することを確認します。
　次に、人感ブロックが人を感知しなくなるようにスマートライトから離れたときに、LEDランプが消灯することも確認します。

チャレンジしてみよう

　ここでは人がいなくなったときにだけ、LEDランプが消灯するしくみをつくりましたが、電気をより節約するために、周囲の明るさやモノの動きも条件に入れてみましょう。
　Chapter 3の「AND」などの機能を利用することで、複数の条件を満たしたときにLEDランプが点灯・消灯するしくみをつくることができます。

CHAPTER 2

7 乾燥していますよ!
≫ 湿度が低いと知らせてくれるしくみを
つくってみよう

　一般に、湿度が40％を下回ると空気が乾燥している状態といわれています。そこで、室内の湿度が40％未満のときに、音声メッセージが流れ、LEDランプが点滅することで乾燥していることを知らせてくれるしくみをつくってみましょう。

学ぶこと

1 MESH設定・操作方法

	MESHの動作または条件、値の設定
温度・湿度ブロック	湿度が変わったら（湿度（％））
通　知	通知する
LEDブロック	点灯する
MESHアプリのバックグラウンド実行	

2 ▶ プログラミング的観点

≫ 変数、条件分岐処理、並列処理の復習

いままでこのChapter 2では、プログラミングにおいて重要な要素である①変数、②条件分岐、③順次制御などを組み込んだレシピを作成してきました。今回のレシピにおいても、それぞれの要素を使用しています。

①変 数	湿度（%）、0-100%の範囲で変化する値を代入する （「通知」のメッセージの一部が変数になっている）
②条件分岐	湿度が40%未満であれば次の処理を実行する （「温度・湿度ブロック」で条件を設定する）
③並列処理	「温度・湿度ブロック」を実行した後で「通知」と 「LEDブロック」を同時実行する

そのほか、スピーカーによる音の再生とLEDブロックによるランプの点灯をほぼ同時に実行するために、2つのブロックを並列につないでいます。

今回の作品は常に湿度を監視していますが、Chapter 3の①（85ページ）のタイマーを使えば、「10分間隔で湿度が40%未満かどうかをチェックする」といった作品をつくることもできます。また、通知する条件として、「人が部屋にいるとき」などのもう1つの条件を組み合わせることで、より便利なしくみをつくることもできます。

準備するモノ

特になし

作成手順

1 まずMESHアプリを起動し、キャンバス上に温度・湿度ブロック（青紫色のアイコン）が追加されていることを確認します。追加されていない場合はChapter 1のペアリング方法（11ページ）を実施してください。

2 図2.66のようにキャンバス上に置いた温度・湿度の設定画面を開くと「温度が変わったら」という条件が設定されています。これを「＞」ボタンを押して「湿度が変わったら」に変更してください。いま、乾燥しているかどうかを判定する条件を湿度が40%未満とするので、スライドバーの青色部分を「0-39」の値に設定します。

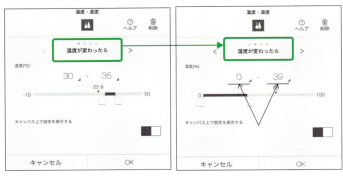

図2.66 温度・湿度ブロックの設定

3. 通知とLEDブロックを追加し、図2.67のように温度・湿度ブロックから枝分かれするように並列に接続してください。

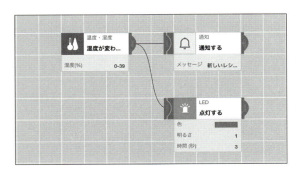

図2.67 レシピの完成図

4. キャンバス上に追加した通知を設定しましょう。前節5と同様にメッセージ入力欄右上にある「＋データを追加」を選択し、「湿度（％）」を選びましょう。最後に図2.68のように通知メッセージを作成します。

図2.68 通知のメッセージを作成

5. 次にLEDブロックを設定しましょう。図2.69のように「点滅する」に変更し、明るさ

68

や点灯時間などを好みの値に設定します。たとえば、明るさを「5」、時間（秒）を「15」、周期（秒）を「0.5」とし、ユーザに注意を促すような赤い点滅が起こるように設定してみます。

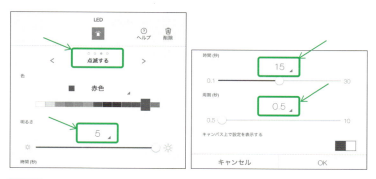

図2.69　LEDブロックの設定

6　最後に作成したレシピをテストします。

　　湿度を急激に下げることは難しいので、ブロックが感知する条件を一時的に80〜100％とし、実験することにしましょう。温度・湿度ブロックの黒い部分（上部、側面のどちらでも）の穴に向かって、まるで寒いときに手を温めるように息を「はーっ」と吹きかけてみてください。湿度を急激に上昇させられると思います。このようにして湿度が80％以上になると通知とLEDの点滅が行われることを確認してください。

　　バックグラウンド実行が有効になっていると、デバイスの画面がオフになっていても通知が表示されます。また、デバイスと連携したスマートウォッチが手元にあれば、通知をスマートウォッチの画面上に表示することもできますので試してみましょう。

チャレンジしてみよう

　今回のレシピでは、MESHアプリを起動しているデバイスの前にユーザがいるかどうかを判断せずに、湿度が指定した条件に当てはまれば、通知とLEDの点滅を実行しました。

　これを、ユーザがいるときにだけ実行するレシピに変更してみましょう（Chapter 3で解説している「AND」や「スイッチ」などのロジック（論理）ブロックを学習してから取り組むことをおすすめします）。

プログラミング教育の現場から 2

> ホップ

楽しく工作しながらプログラミングを学ぼう

　ここでは、八王子市が主催する子どもプログラミング体験教室の現場の様子を紹介しましょう。

　電子ブロックを活用して道具やゲームを作成する半日のコースで、モノをつくる楽しさから、プログラミングの楽しさを体験してもらおうという場です。

　集まったのは、プログラミング経験のほとんどない小学校4～6年生の12名。2人1組でペアを組んで、一緒に作品づくりをしていきます。教室では、講師の先生のほかに、八王子市内の大学の学生数名が子どもたちをサポートします。

　朝9時に教室に集合。子どもたちはお行儀よくテーブルを囲んで座り、始まりを待ちます。「まずはみんなで元気に挨拶しましょう」と先生から声がかかりますが、まだまだ声が小さいです。緊張しているのかな。

　テーブルには、さまざまな機能をもつ電子ブロックとタブレットが並べられています。色とりどりの電子ブロックは、見た目も美しいです。

　最初に講師の先生から、プログラミングの基本となる、電子ブロックの機能とプログラミングの方法が説明されます。

　電子ブロックは、動きを検知したり、光や温度を検知したりするなど、環境の中のさまざまな状態を検知することができるセンサー機能をもっています。これらのブロックに該当するアイコンをタブレット上で電子的に連結して、さまざまなしくみをつくり上げることが電子ブロックのプログラミングになります。

　先生が電子ブロックのプログラミングのデモを見せてくれます。ある電子ブロックを振るとタブレットから音楽が流れます。また、別の電子ブロックの向きを変えると灯りが点いたり消えたりします。これらの電子ブロックの挙動を見ているうちに、緊張気味だった子どもたちの気分も自然にほぐれて、笑みが漏れてきます。

　さあ、今度は子どもたちの出番です。ここまでくると子どもたちはどんどん自分たちで遊び出します。互いにおしゃべりしながら楽しそうに電子ブロックを振ってみたり、手で覆い隠してみたりしながら、反応の変化を楽しみます。少し教えただけでどんどん自律的に遊び出してしまうのは、好奇心旺盛な子どもの特権かもしれません。

　電子ブロックとプログラミングの基本を学んだところで、ここからが本番です。目標は電子ブロックを活用したプログラミングを通じて、自分の作品をつくり上げることです。サイドテーブルにはたくさんの工作の素材が並べられています。ゴミ箱、折り紙、割り箸、積み木、ぬいぐるみ、毛糸、うちわなどなど。

　まずは、何がつくりたいのかを表す設計図が必要です。「何かつくりたいものを絵で描いてみましょう」と先生から声がかかります。が、子どもたちは真っ白な画用紙を目の前にして、しばしの沈黙。子どもたちの手がなかなか動きません。

70

さっきまであんなに楽しそうにしていたのにどうしたことでしょう？

しばらくすると考えあぐねた子どもたちの中から、サイドテーブルへ移動して、工作の素材を触り始める子どもが出てきました。サイドテーブルに並べられた素材を手にとり、素材を振ってみたり、向きを変えてみたりしています。この素材に電子ブロックの動きが加わるとどうなるかをシミュレーションしているかのようです。また、異なる素材どうしを重ねてみたり、積み上げてみたり、素材を直接手で触って動かすことで、つくりたいものの造形のアイデアをつかみとろうとしているようです。

子どもたちは「さあ、今日はロボットをつくるぞー」と思って教室にやってきたわけではなさそうです。「手で触る」「イメージする」「動かしてみる」ことで、つくりたいもののアイデアが浮かび上がってくる。子どもたちの内側に既知のものとしてつくりたいものがあるというよりも、素材との対話を通じて、つくりたいもののアイデアが触発され、イメージが形成されていくようです。

つくるもののイメージが見えてくると、いよいよ電子ブロックを用いたプログラミングが始まります。しかし、作品をつくり上げる道すじはいろいろです。

ある子どもたちは、まずは集めた素材を組み合わせて作品のイメージを工作していきます。ある程度形ができた段階で、電子ブロックを組み合わせて期待どおりの挙動をするかを確かめていきます。少しずつ電子ブロックの挙動を確認しながらチューニングし、作品を完成させていきます。

一方で、もっとボトムアップ的なアプローチを行う子どもたちもいました。まず、素材レベルで電子ブロックを組み合わせ、どんな部品ができるのかを試してみます。素材だけ、あるいは電子ブロックだけの挙動とは異なるイメージが沸いてくるのでしょうか。組み合わせた部品の挙動を確認しては、また組み合わせを変えて試行錯誤を繰り返し、徐々に部品から構造物へと進化させ、作品を完成させます。

作品づくりは一本道ではないのですね。

つくり上げていく過程で、大きな方向転換を迫られるケースもありました。ある子どもたちは、蓋付きのゴミ箱の蓋が大きく開く様子をカバが口を開く様子とイメージしました。割り箸の先に動物の頭を付け、動物がカバの口を覗き込むとカバが口を閉じる、というストーリーを描きました。

まずは、工作レベルでストーリーの動きをシミュレーションします。次いで、電子ブロックを蓋に付けて頭が入る動きを検知すると、「ガォー」と鳴いて口を閉じるようにプログラムしました。

さあトライアルです。カバの口に動物の頭を差し込むと……あれ、うまく作動しません。動物の頭がふた全体を覆ってしまい、動きの検知に失敗したようです。サポーターの大学生たちにも助言をもらいながら、センサーの取付け位置などをいろいろ調節したようですがうまくいきません。

結果としてこのアイデアを断念。子どもたちは、ゴミ箱とセンサーを残して、「何をつくるか」を大きく方向転換し、ゴミを捨てると光るゴミ箱を作品としてつくり上げました。

きちんと構造を理解しているからこそ、方向転換が容易にできたのですね。カバの口のストーリーは捨てるにはちょっと惜しいかなと思いましたが、頭を切り替えられる子どもたちの柔軟さは

素晴らしいです。

　最後に完成した作品のお披露目です。画用紙1枚に作品の説明を描いたものでプレゼンテーションした後、作品のデモンストレーションを行いました。自分でプレゼンすることを恥ずかしがる子もいましたが、みんな堂々とかつ楽しそうに、自身の作品を紹介します。振動させることで音を奏でる電子楽器や、複雑な"ピタゴラスイッチ"*など、たった3時間で、見事な作品群をつくり上げました。満足感に満ちた子どもたちの笑顔でこの日の教室は終了しました。

　この教室では、プログラミングの知識を学んだり、スキルを身につけることが第一の目的ではありません。もちろん、たった3時間でそんなことが身につくはずもありません。それよりも、「ものづくり」の楽しさから、プログラミングを知り、興味をもってもらおうというのが教室の目的です。そういう観点からは、子どもたちが何の抵抗感もなく、電子ブロックを用いたプログラミングを行っている様子をみて、目的は十分に達成されていると感じました。

　実際のところ、「プログラミング」という言葉は、多くの大人たちにとっては「なんだかわからない難しそうなもの」と映っているのではないでしょうか。まわりで見学している親御さんたちは、子どもたちが何の抵抗感もなくプログラミングをしている姿を、驚きをもって見ているようでした。あるいは、こんなに難しいことができている子どもたちを、やや誇らしげに感じているようでもありました。

　今回のプログラミング教育の現場を見るにつけ、単にプログラミング体験を楽しんだということに止まらない価値を生み出している現場であると感じずにはいられませんでした。

　まずは、作品をつくり上げる子どもたちの創造力の豊かさです。課題を与えられないと何をつくったらよいかわからない大人たちとは真逆で、子どもたちがさまざまな日常的なものや素材を組み上げて作品を構想していく力を引き出している場でもあるといえます。

　また、作品づくりの過程で、子どもたちは何度も試行錯誤を繰り返しました。「失敗」という言葉はないかのように、トライしてイメージと異なればまた別のチャレンジをする。これを繰り返して、どんどん新しい作品イメージを構築していました。

　そして時には、大胆なゴールの大転換も行いました。失敗は無駄ではない、ということを子どもたちは教わらずとも本能的に知っているのでしょう。大人になるとつい失敗を恐れて、手を動かす前に考える、設計図を書くことから始めがちですが、子どもたちはそんなことよりやってみて、試して、修正する、というプロセスを、自然にやっているのです。

　このように、大人が忘れかけていた柔軟な問題解決のプロセスや大胆な構想力といったものを、この教室を通じて子どもたちが自在に発揮できていることを肌身で感じ、素晴らしい現場であると思いました。

　プログラミング体験の価値は、作品をつくっているときの子どもたちのキラキラした目と集中力、作品に満足して誇らしげに説明する様子、そして保護者と語らいながら帰っていくシーンをみれば明らかでしょう。

＊　ピタゴラスイッチ：　NHK Eテレ（教育テレビ）の子ども向け番組で、からくり装置「ピタゴラ装置」が有名。日用品を組み合わせてつくるドミノ倒しのような装置から始まり、途中にさまざまなからくりをしかけることで、複雑な構造がつくられている。スタート地点でビー玉が押し出されると、後は連鎖的にからくりが発動しながら進むパターンが多い。

Chapter **3**

MESHで遊ぼう

1 押しボタン式信号機
身近な交通信号機を再現してみよう

2 音と光のおみくじ
振っても出てこない? 新感覚のおみくじをつくろう

3 止めるのが難しい目覚まし時計
これがあればベッドから抜け出せる?

4 オリジナル楽器
変わった方法で演奏する楽器をつくろう

5 反射神経ゲーム
いつでも機敏に動けるか、このゲームで確かめよう

6 歩数計
ウォーキングやランニングに役立つものをつくろう

CHAPTER 3

1 押しボタン式信号機
≫ 身近な交通信号機を再現してみよう

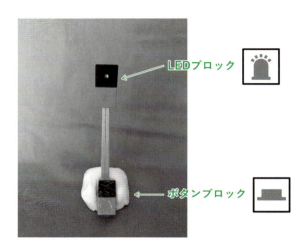

　街中の横断歩道にある、歩行者専用の押しボタン式信号機の動きをMESHで再現してみましょう。ポイントは、本物の信号機では、押しボタンを押しても信号はすぐ青色には変わらないことです。MESHのボタンブロックを押してからLEDブロックが青色に変わるまで、しばらく時間がかかるしくみを考えます。

学ぶこと

1 MESH設定・操作方法

	MESHの動作または条件、値の設定
ボタンブロック	1回押されたら
LEDブロック	点灯する、点滅する
タイマー	待つ、一定の間隔で

LEDブロックを「好きな色に点灯させる」だけでなく、「点滅させるための設定」も使って、信号機の動きをできるだけリアルに再現してみます。

「ボタンを押してから青に変わるまでしばらく待つ」動きは、ボタンブロックから出た信号をLEDブロックに直接伝えるのではなく、2つのブロックの間にタイマーを入れることで再現することができます。このタイマーで、信号の送り出しを遅らせます。

また、本物の信号機は停電しないかぎり24時間点灯し続けています。しかし、LEDブロックは最長でも30秒間しか点灯できません。そこで、ここでもタイマーを使って、LEDブロックを長時間点灯したままにします。MESHのタイマーには一定の間隔で信号を自動的に出し続ける機能があるので、これを利用するのです。

2 プログラミング的観点

2つのMESHブロックを直列につないだとき、最初のMESHブロックの処理が終わると、すぐに信号が送られて次のMESHブロックが動き出します（図3.1）。このとき、2つのブロックの間にタイマーを入れて「待つ」設定をすると、2番目のブロックが動き出すタイミングを遅らせることができます（図3.2）。

このように少し待ってから次に進めることを「遅延処理」といいます。ボタンブロックを押したとき、赤信号からすぐに青信号に変わるのではなく、しばらく時間が経過してから青色に変わるために、このタイマーの遅延処理を利用するのです。

ボタンを押すと信号がLEDブロックに送られて、すぐに点灯する。

図3.1 遅延しない接続

「待つ」設定をしたタイマーを挟むと、ボタンを押した後に、タイマーで設定した時間が経ってからLEDが光る。

図3.2 遅延する接続

タイマーを使うと、遅延処理だけでなく、「くり返し処理」も実現できます。くり返し処理とは、ある動作をくり返し何回も実行することです。MESHではタイマーの設定条件「一定の間隔で」を使うと、指定した時間の間隔で信号を出力し続けることができるので、この機能を使えばくり返し処理を実現することができます。

　具体的には、LEDブロックの点灯は最長で30秒です。そこで、30秒ごとにくり返し信号を出すように設定したタイマーの出力をLEDブロックにつないでやれば、その信号を受けとったLEDブロックは30秒以上でも点灯し続けることができます（図3.3）。

「一定の間隔で」

LEDブロックの点灯時間と同じか、少しだけ短い間隔でタイマーから信号が出し続けられれば、LEDブロックはずっと光り続ける。

図3.3 くり返し処理

準備するモノ

- わりばし
- 紙ねんど
- 食品ラップ
- 輪ゴムまたは粘着テープ（MESHブロックをわりばしに貼り付けるために使う）

作成手順

1 土台となる紙ねんどのかたまりにわりばしを垂直に立てます。

2 LEDブロックを、わりばしの先端付近に、粘着テープや輪ゴムで貼りつけます。

3 土台部分の適当な位置にボタンブロックを上向きに固定します。このとき、ボタンブロックの電源コネクタなどにねんどが入らないよう、ボタンブロックを食品ラップでくるんでおきます。

4 図3.4のようなMESHレシピを作成して動作を確認します。

LEDブロックは最長でも30秒点灯を続けると、必ず消えてしまいます。そこでタイマーの設定「一定の間隔で」を使って定期的に信号をLEDブロックへ送ることで、赤色の点灯をいつまでも続けさせることができます。一方、押しボタンが押されたら、タイマーの「OFF」に信号を送って、赤色の連続点灯を一時的に停止します。その後、LEDブロックの点灯が青色から赤色に変わるタイミングで、タイマーの「ON」に信号が送られれば、再び赤色の連続点灯を開始します。

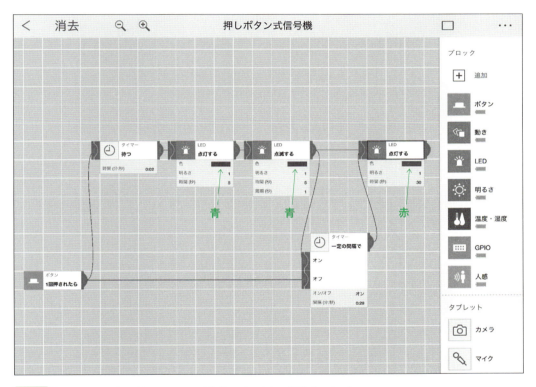

図3.4 「押しボタン式信号機」のレシピ（秒数などの設定は調整前のもの）

5　LEDブロックは、「点灯する」と「点滅する」の2つの設定を使います。「点灯する」設定の場合、「時間（秒）」の設定を30秒にします（図3.5）。
　「点滅する」設定の場合は、図3.6のように「時間（秒）」を5秒にして「間隔（秒）」を1秒にします。そうすると、1秒ごとの点滅が5秒間続きます。

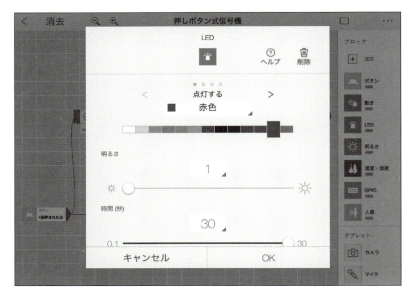

図3.5 LEDブロックの「点灯する」設定

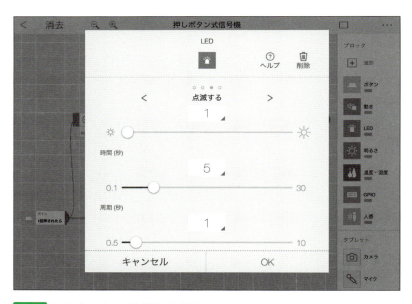

図3.6 LEDブロックの「点滅する」設定

6 最後に、LEDブロックの点灯時間を最長の30秒に設定したので、連続点灯のために使うタイマーの「間隔（秒）」も30秒にします。しかし、この設定だと、タイミングに

よってはLEDブロックが一瞬だけ消灯してしまうことがあるかもしれません。

　そんなときは、タイマーの「間隔（秒）」設定を、少しだけ短く設定してみます（図3.7）。そうすると、LEDブロックの消灯よりも早めにタイマーが信号を出すので、LEDブロックが消えてしまうことはなくなります。

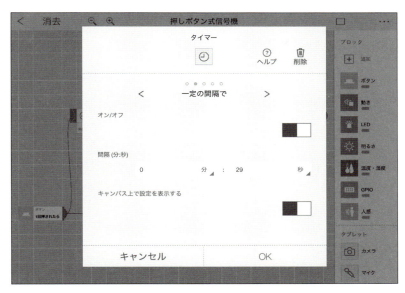

図3.7　タイマーの設定変更

チャレンジしてみよう

　この信号機は歩行者専用なので青色と赤色しかありません。これを自動車やバイク用の信号機にも使われている赤、黄、青の3色式に改造してみましょう。

　ヒント：赤色で点灯しているときにボタンを押すと、青色に変わるところは改造前と同じです。対して、青色点灯からしばらくすると、一時的に黄色が点灯してから赤色点灯へ戻るように改造します。黄色は、「点滅する」のではなく、「点灯する」設定にします。

CHAPTER 3

2 音と光のおみくじ

≫ 振っても出てこない？
新感覚のおみくじをつくろう

おみくじ箱を手にもって振ると、結果を音と光で知らせてくれるおみくじをつくります。このおみくじを振っても、結果を書いた紙は出てきませんが、毎回それぞれ違った音と光が出てきます。

運よく良い結果を引き当てると、光がチカチカ点滅して大きな拍手が起こります。

LEDブロック

学ぶこと

1 MESH設定・操作方法

	MESHの動作または条件、値の設定
動きブロック	振られたら
LEDブロック	点滅する、点灯する、ふわっと光る
スピーカー	再生する
スイッチ	ランダムに切替える

スイッチの「ランダムに切替える」機能を使い、おみくじが出る順番をバラバラにして、結果を予想できないようにします。おみくじの結果が決まると、スイッチの出力をLEDブロックとスピーカーへ同時に入力して、光と音を同時に発生させます。

2 プログラミング的観点

スイッチを使うと、図3.8のように1つの入力に対して複数ある出力の中から1つだけを、ランダムに（バラバラに、無秩序に）選んで信号を送ることができます。

このランダムな出力をおみくじの結果とみなせば、次に何が出るか予測できないおみくじをつくることができます。

信号を受けとったスイッチは、複数ある出力先のどこか1つだけに信号を送り出す。
ただし、どの出力先が選ばれるかの決まりはないので、予測はできない。

図3.8　スイッチでランダムな状態を生成する

　複数のMESHブロックを使って、さまざまな処理を、順番に実行するとき、はじめのMESHブロックの出力を次のMESHブロックの入力へとつないでいくことで実現します。これを「順次処理」とよびます。このとき、MESHブロックの出力は、複数のブロックへ同時に接続させることができます。こうすることで、複数のブロックを同じタイミングで動かすことができます（図3.9）。このようなつなぎ方を「並列」とよびます。並列のつなぎ方を使えば、LEDブロックが光るのと同時に、スピーカーから音が出るといったしくみをつくることができます。一方、LEDブロックとスピーカーをまっすぐ一直線につなぐとLEDブロックの発光が完全に終わるまで、音を出すことができません（図3.10）。

動きブロックが出力した信号を、LEDブロックとスピーカーへ同時に入力すれば、光と音が同時に始まる。

図3.9　並列処理

ボタンブロックが出力した信号を、最初にLEDブロックが受けとり、発光が終わってから信号を出力する。一方、その信号を受けとったスピーカーは、そこではじめて音を出すので、光と音が同時には発生しない。

図3.10　順次処理

準備するモノ

- 片手で握れる大きさの筒状容器など
- 両面テープ（容器にMESHブロックを貼り付けるために使う）
- ペン（容器の表面に「おみくじ」と書くために使う）

> **作成手順**

1. 用意した容器のどこかに、LEDブロックの発光部が外側からよく見えるように貼り付けます。

2. 容器内側の適当なところに、動きブロックを両面テープなどでしっかり固定します。

3. 容器の表面に、「おみくじ」という文字や、絵などを自由に書いて、おみくじ箱の雰囲気を出します。透明な容器を使って、文字や絵柄をプリンターで印刷したものを、その容器の内側に入れるという方法もおすすめです。

4. 図3.11のようにMESHレシピを作成して動作を確認します。

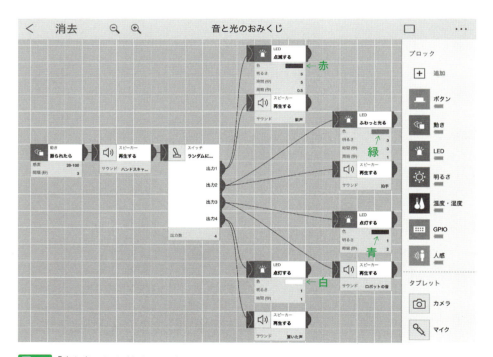

図3.11　「音と光のおみくじ」レシピ

5. このレシピでは、おみくじの結果は4種類になります。ここで、図3.12のようにスイッチの「ランダムに切替える」設定で「出力数」の値を変更すれば、おみくじの結果の数を増減することができます。

6 おみくじをどれくらい振ったら結果が出るのかは、動きブロックの「振られたら」にある設定で調整します（図3.13）。ただし、「感度」の最小値を小さくしすぎると、おみくじをちょっともっただけで結果が出てしまいます。逆に最小値を大きくすると、おみくじを思い切り振っても、なかなか結果が出ないおみくじになってしまいます。「感度」の値をいろいろと変えて、おみくじとして最適な値を決めましょう。

図3.12 スイッチの設定

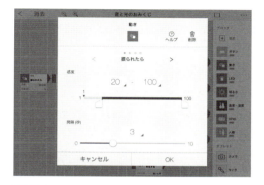

図3.13 動きブロックの設定

チャレンジしてみよう

おみくじの結果を音と光だけではなく、通知を利用してタブレットに「大吉」や「凶(きょう)」などの、運勢を書いたメッセージとして送信してみましょう（図3.14）。

ヒント：通知の使い方はChapter 2（57〜58ページ）で詳しく説明しています。

図3.14 通知を追加する

CHAPTER 3

3 止めるのが難しい目覚まし時計
≫ これがあればベッドから抜け出せる？

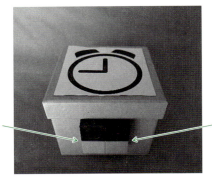

ボタンブロック 　　　LEDブロック

　早起きするためにセットした目覚まし時計のベルを、無意識に止めてしまって遅刻したことはありませんか。そんなことが不安で眠れなくならないように、ベルを止める方法が難しくて必ず起きてしまう目覚まし時計をつくります。この目覚ましのベルを止めるには、目覚ましをもち上げて何度も振らなければなりません。そうすればきっと目が覚めるはずです。

学ぶこと

1 MESH設定・操作方法

	MESHの動作または条件、値の設定
ボタンブロック	1回押されたら、2連続で押されたら
動きブロック	振られたら
LEDブロック	点滅する
スピーカー	再生する
タイマー	指定のタイミングで、一定の間隔で
カウンター	カウント

84

タイマーを使って、目覚まし時計のベルを鳴らす曜日と時間を指定します。タイマー設定の「指定のタイミングで」で、平日午前7時にセットすれば、タイマーは指定した日時になると毎回必ず信号を出力します。これを、スピーカーとLEDブロックで受けとって、ベルを鳴らすのと同時に、LEDブロックの光を点滅させます。

　また、ベルを鳴らし、光を点滅させる時刻を指定するだけでなく、ベルが鳴るのと光の点滅がすぐに終わらないようにするところでも、タイマーを使います。このタイマーの働きがないと、MESHブロックのベルと光は短時間で止まってしまいます。

　目覚まし時計を振ってベルと光を止めるしくみは、動きブロックとカウンターを組み合わせてつくります。ここで、ベルと光を止めるために何回振るのかを、カウンターにあらかじめ設定しておきます。

2 プログラミング的観点

　MESHのスピーカーにあらかじめ登録されているサウンドは、どれも再生時間が1回あたり3秒間程度の短いものばかりです。また、LEDブロックの点灯や点滅時間は最長30秒までしか設定できません。そのため、MESHのサウンドや光は、そのままではすぐに終わってしまって、目覚まし時計の効果を期待できません。そこで、前節2と同様にタイマーの「一定の間隔で」機能を使って、設定した時間間隔ごとに信号をくり返し出し続けるようにしておき（図3.15）、その先にLEDブロックやスピーカーを接続すれば、サウンドの再生やLEDの点灯・点滅をいつまでも継続できます。

図3.15 タイマーによるくり返し処理

　この目覚まし時計は箱を手にとり、あらかじめ設定しておいた回数だけ振り続けると止まるというしくみです。このような、ある一定の条件（ここでは振った回数）を満たしたら、特定の処理を始めるというような構造を、プログラミングでは「条件分岐処理」とよびます。MESHのカウンターを使うと、条件分岐処理と同じようなことを実現することができます（図3.16）。

「カウント」
カウンターが信号を受けとったとき、
もしもその信号がn回目の信号だったら
自分も信号を出力する。
そうでなければ、信号は出力しない。

図3.16 カウンターによる条件分岐処理

準備するモノ

- MESHブロック3つを貼り付けることができる程度の大きさの箱や容器
- 両面テープ（箱にMESHブロックを貼り付けるために使う）
- ペン（目覚まし時計とわかるような絵を箱に描くために使う）

作成手順

1. 箱の内部に、動きブロックを両面テープなどでしっかり固定します。

2. 箱の外側にLEDブロックとボタンブロックを固定します。

3. 箱の外側に目覚まし時計の絵を描きます。

4. 図3.17のようにMESHレシピを作成して動作を確認します。

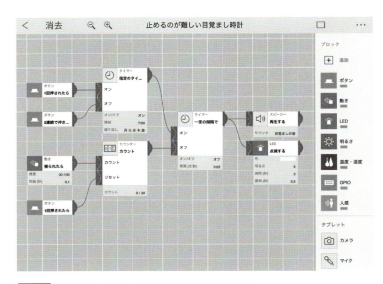

図3.17 「止めるのが難しい目覚まし時計」のレシピ

1つめのタイマーの入力につないだボタンブロックを、1回押すとタイマーの設定が「ON(オン)」になり、指定の曜日・時刻に目覚まし時計のベルと光が動作するようになります。一方、ボタンブロックを2回押すとタイマーが「OFF(オフ)」になって、設定した時刻になっても目覚まし時計のベルと光は動作しません。

　また、目覚まし時計を一定以上の強さで振ると、内部に貼り付けた動きブロックから信号が出ます。この信号は、カウンターの「カウント」入力につながっているので、信号がくるたびにカウンターの「カウント」数が増えていきます。そして、「カウント」数が、あらかじめ設定しておいた値になると、カウンターが別の信号を出します。この信号を受けとったタイマーは「一定の間隔で」出力していた信号を停止し、結果的に目覚まし時計のベルが鳴り止み、光が消えます。

5 タイマーの「指定のタイミングで」を使って、目覚まし時計のベルを鳴らし、光を点滅させる曜日や時刻を設定します（図3.18）。

図3.18　タイマーの設定

6 ベルと光を止めるために目覚まし時計を振る回数を、図3.19のようにカウンターの「カウント」数にあらかじめ設定しておきます。これによって、カウンターは、「カウント」入力に信号がきた回数を0から数えていきます。信号入力の数が、あらかじめ設定した「カウント」数に到達すると、カウンターははじめて信号を出力します。

　また、カウンターには「リセット」入力があります。これにボタンブロックの出力がつながっています。したがって、ボタンを1回押すと、それまでに数えていた入力信号の数が0にリセットされます。

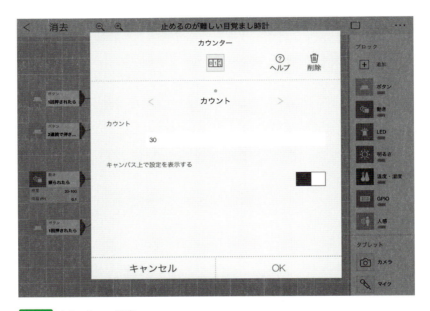

図3.19　カウンターの設定

7 目覚まし時計のベルと光がすぐに止まらないよう、タイマーの「一定の間隔で」設定を使って、くり返し信号を出し続けます（図3.20）。「間隔（分：秒）」の数値は、LEDブロックの点滅とスピーカーの再生のようすをみながら調整します。

図3.20 タイマーの設定

チャレンジしてみよう

　MESHのスピーカーには、Chapter 2 の② （37ページ）で説明したように、自分で録音した声や音を、新しいサウンドとして登録する機能があります。これを使って、いまつくった目覚まし時計の音を自分の声に変えてみましょう。

　ヒント：自分で登録したサウンドの再生時間に合わせて、2つめのタイマーにある「一定の間隔で」に設定する時間や、LEDブロックの点滅時間を調整してみましょう。

CHAPTER 3

オリジナル楽器
≫ 変わった方法で演奏する楽器をつくろう

ボタンブロック

動きブロック

　独自の方法で演奏する新しい楽器をつくりましょう。ピアノは鍵盤（けんばん）によって音の高さが決まります。また、ギターであれば弦の長さと太さ、トランペットは管の長さを変えて、いろいろな音の高さのへだたり（音程）を出しています。これからつくるのは、手にもった筒（つつ）をいろいろな方向に傾けながら音程を変えて演奏する楽器です。

学ぶこと

1 MESH設定・操作方法

	MESHの動作または条件、値の設定
ボタンブロック	1回押されたら
動きブロック	向きが変わったら
スピーカー	再生する
And（アンド）	同時に

90

動きブロックの「向きが変わったら」機能を利用して、楽器がどの方向を向いたのかを検知します。そして、それぞれの向きに対応した音が出るように設定していたスピーカーへつないでおきます。

　実際に音を出すときは、楽器の向きを変えながら、さらにボタンブロックも同時に押す必要があるようにします。このようにすることで、楽器の向きを変える動作とボタンブロックを押すタイミングがうまく合わないと音が出ないしくみにします。

2　プログラミング的観点

　MESHのAnd（アンド）には、「入力1」と「入力2」という信号の入り口が2つあります。この2つの入り口に「同時に」信号がこないと、Andは信号を出力しません。

　つまり、「入力1の信号」かつ「入力2の信号」があったときだけ、Andは反応して信号を出力します（図3.21）。この「かつ」の動作を、プログラミングの世界ではAndで表します。

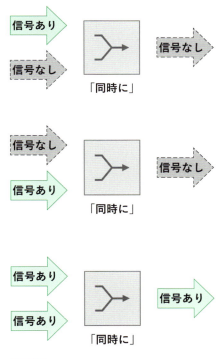

図3.21　Andと信号の入出力の関係

また、プログラミングの世界には、AND（論理積）だけではなく、OR（論理和）というものもあります（MESHではAndと表記）。ANDの「かつ」に対して、ORは「または」のことです。ORは2つ以上の信号の「どれか1つだけ」でも入力すれば動作を開始する機能です。MESHにはANDしか見当たらないので、ORの機能をもっていないと思うかもしれません。

　しかし、図3.22のように入力を受け付けるブロックなどは同時に複数の入力を受けとれるので、実はMESHでもOrの機能をいつでも利用できるようになっています。

複数の出力がLEDブロックにつながっているとき、どれか1つでも信号が入力されればLEDブロックは動作する。

図3.22 MESHブロックでORを実現する

準備するモノ

- 使い終わった食品ラップの中芯
- 両面テープ（中芯にMESHブロックを貼り付けるために使う）
- ペン（中芯に自由に絵を描くために使う）

> **作成手順**

1. 食品ラップの中芯に動きブロックとボタンブロックを両面テープで固定します。
   ボタンブロックは、楽器の演奏中にボタンを押しやすい外側に貼るとよいでしょう。動きブロックは中芯の内側・外側の好きな箇所に貼り付けてかまいません。

2. 図3.23のようにMESHレシピを作成して動作を確認します。このレシピでは、ボタンブロックのボタンが押されたら、動きブロックで検知した楽器の6方向（表、裏、左、右、上、下）の向きによって異なる音を6つのスピーカーで鳴らすように設定しています。

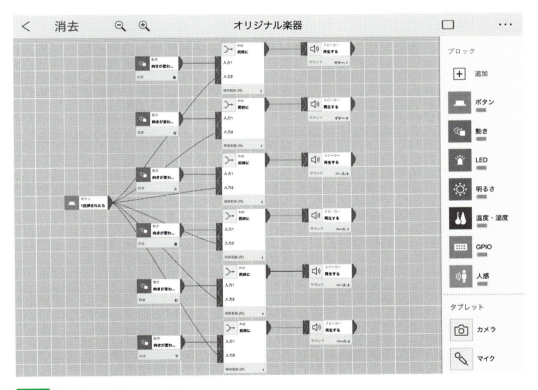

図3.23 「オリジナル楽器」のレシピ

3 レシピには 6 つの動きブロックがあります。それぞれのブロックで「向きが変わったら」のところに、6 方向の向き（表、裏、左、右、上、下）を 1 つずつ割り当てます（図3.24）。

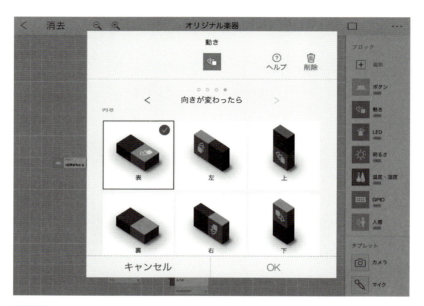

図3.24　動きブロックの設定

4 動きブロックの向きが変わったことを検知したとき、同時にボタンブロックのボタンも押されたかどうかを調べるためにAndを使います。2 つの信号がほぼ同時に入力されたとき、Andはスピーカーへ信号を出力します。図3.25のようにAndの「時間範囲」の数値を大きくすると、2 つの信号がAndに入ってくるタイミングが完全に一致していなくても、Andから次の段階へ信号を出すことができます。実際に楽器を操作しながら、演奏しやすくなるように「時間範囲」の数値を調整してください。

図3.25 Andの設定

チャレンジしてみよう

音を出すときに使うボタンブロックを、明るさブロックに置きかえて改造してみましょう。

ヒント：ボタンブロックの「1回押されたら」のかわりに、明るさブロックの「ふさがれたら」や「ふさぐものが無くなったら」を使うと簡単です。

CHAPTER 3

反射神経ゲーム

≫ いつでも機敏に動けるか、
このゲームで確かめよう

光にすばやく反応できるか挑戦するゲームをつくります。LEDブロックがランダムに赤色と黄色に光ります。LEDが光ったタイミングに合わせて、赤色のときは箱をもち上げて振ると拍手がひびきわたります。黄色の場合はボタンブロックを押すと歓声があがって成功です。どちらもタイミングが合わないと、なんの音も鳴りません。

ボタンブロック

動きブロック　LEDブロック

学ぶこと

1 MESH設定・操作方法

	MESHの動作または条件、値の設定
ボタンブロック	1回押されたら
動きブロック	振られたら
LEDブロック	点灯する
スピーカー	再生する
スイッチ	ランダムに切替える
And（アンド）	同時に
タイマー	一定の間隔で

LEDブロックを、赤色または黄色のどちらかにくり返して点滅させるため、タイマーとスイッチを組み合わせます。さらに、LEDブロックが瞬間的に光ったタイミングで、ボタンブロックが押されたか、あるいは動きブロックが振られたかを調べるためにAnd（アンド）を使います。

2　プログラミング的観点

　図3.26のように、タイマーの「一定の間隔で」機能を使って、5秒ごとに信号の出力をくり返します。その信号を受けとったスイッチが、ランダムに「出力1」または「出力2」へ信号を出力します。この出力先にそれぞれ異なる色のLEDブロックをつなぐと、2つの色をランダムに点滅させることができます。

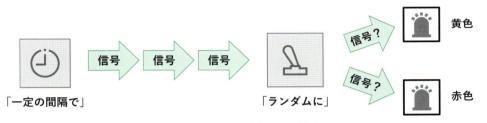

一定の間隔でどちらかの色が光る。次にどちらが光るかは決まっていないので、黄色と赤色が交互に光ることもあれば、同じ色が続けて光ることもある。

図3.26　くり返し処理とランダム切り替え

　LEDブロックが黄色に発光したとき、「同じタイミングでボタンブロックを押したらゲーム成功」、という条件を判定するためには、LEDブロックとボタンブロックが出力する信号をAndに入力すればよさそうです。

　しかし、ボタンブロックはボタンが押されたらすぐに信号を出力するのに、LEDブロックは発光が終わるまで信号を出力しません。そのため、このようなつなぎ方では、思ったようなタイミングでゲーム成功の判定ができないのです（図3.27）。

図3.27 発光とボタンを押したタイミングが合っているかを正しく判定できない

そこで、LEDブロックが出力する信号ではなく、図3.28のようにLEDブロックへ入力して発光させるための信号をAndにも入力することで、思いどおりのタイミングで処理できるようになります。

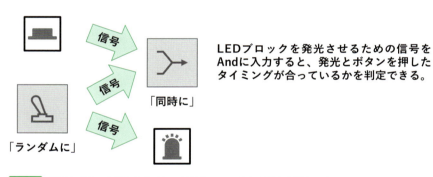

図3.28 発光とボタンを押したタイミングが合っているかを正しく判定できる

準備するモノ

- 片手でもてる大きさの箱
- 両面テープ（箱にMESHブロックを貼り付けるために使う）
- ペン（箱に自由に絵を描くために使う）

作成手順

1 箱の外側の見えやすいところにLEDブロックとボタンブロックを両面テープで固定します。動きブロックは箱の外側、内側のどこでも好きなところに貼り付けてかまいません。

2 図3.29のようにMESHレシピを作成して動作を確認します。

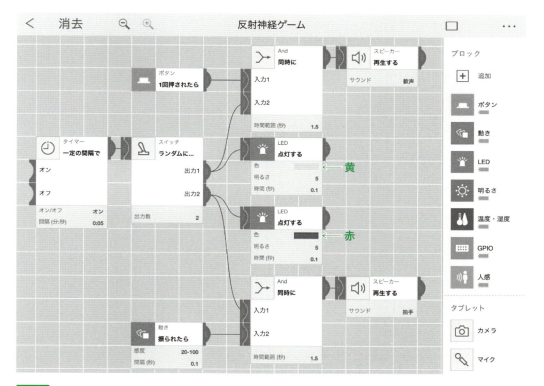

図3.29 「反射神経ゲーム」のレシピ

3 タイマーの「一定の間隔で」の「間隔（分：秒）」時間を 5 秒に設定します（図3.30）。この数値を変えると、LEDブロックが点灯する間隔を変えることができます。

図3.30 タイマーの設定

4 LEDブロックを、赤色、黄色のどちらかでランダムに点灯させるため、スイッチの「ランダムに切替える」にある「出力数」を 2 に設定します（図3.31）。

図3.31 スイッチの設定

5. LEDブロックが光るタイミングで箱を振ったか、またはボタンを押したかをAndの「同時に」で判定します（図3.32）。「判定時間」の数値が小さいほど判定が厳密になって、ゲームを成功させることが難しくなります。

図3.32　Andの設定

チャレンジしてみよう

　LEDブロックの色数を2色から3色に増やしてみましょう（図3.33）。そして、現在の赤色と黄色以外の、たとえば青色で光ったときは、「大きな音を出せばゲーム成功」という機能に挑戦してみましょう。

　ヒント：大きな音が出たかどうかを調べるにはMESHのマイク（図3.34）を使います。

図3.33　色数を増やす　　　　　　　　　　図3.34　マイク

CHAPTER 3

歩　数　計
》 ウォーキングやランニングに
　役立つものをつくろう

　歩数計を使ったことはありますか。一般的な歩数計は、歩いた歩数を数値で表示します。そのため、歩数を確認するには小さな画面に表示されている数字を、いちいち読み取らなければいけません。もしも画面を見なくても音や光でおおよその歩数がわかれば、便利だと思いませんか。このような、画面を見なくてもどのくらい歩いたか音や光で知らせてくれる歩数計をMESHでつくってみましょう。

学ぶこと

1 **MESH設定・操作方法**

	MESHの動作または条件、値の設定
ボタンブロック	1回押されたら
動きブロック	振動を感知したら
LEDブロック	点灯する
スピーカー	再生する
スイッチ	順番に切替える
カウンター	カウントする

足首に装着した動きブロックで振動を検知したら、1歩進んだとみなして、その数をカウンターで数えます。ここで数えた歩数は、数字で表示するかわりに、100歩進むごとにスピーカーのベル音を鳴らし、手首に装着したLEDブロックを光らせます。
　このとき歩数が100歩増えるたびに、LEDの点灯色を変えていきます。

2 プログラミング的観点

　歩数が100になるたびになんらかのアクションを起こすために、動きブロックからの出力回数をカウンター（図3.35）で数えます。

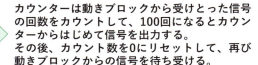

100回の信号 ⇒ 1回の信号

図3.35 100歩ごとに1回、信号を出力

　カウンターからの信号があると100歩進んだことになるので、ベル音を鳴らすとともにLEDブロックを光らせます。このとき毎回同じ色で発光するのではなく、歩数が進むたびに色を変えています。これも一種の条件分岐処理とみなすことができます（図3.36）。

「順番に切替える」

1．カウンターは入力信号を100回受けとるごとにスイッチへ信号を送る。
2．スイッチは信号を受けとるたびに出力先を順番に切り替えながら信号を送る。
　　・もしもカウンターが信号を100回送信したら、スイッチは出力1へ信号を送る。
　　・もしもカウンターが信号を200回送信したら、スイッチは出力2へ信号を送る。
　　　　　　　⋮
　　・もしもカウンターが信号を$n \times 100$回送信したら、スイッチは出力nへ信号を送る。

図3.36 歩数による処理の切り替え

準備するモノ

- 幅の広いマジックテープ
- 粘着テープ（MESHブロックにマジックテープを付けるために使う）

作成手順

1. 粘着テープを使って、マジックテープに動きブロックをしっかりと固定します。このマジックテープを足首に巻いて歩数を計るので、動きブロックが途中で落ちないよう、しっかりと確実に固定されていることを十分に確かめてください。

2. 動きブロックと同じように、LEDブロックもマジックテープにしっかり固定します。こちらは歩数の進み具合を確認するために使うので、すぐに見ることができる手首などに装着して使います。

3. 図3.37のようにMESHレシピを作成して動作を確認します。

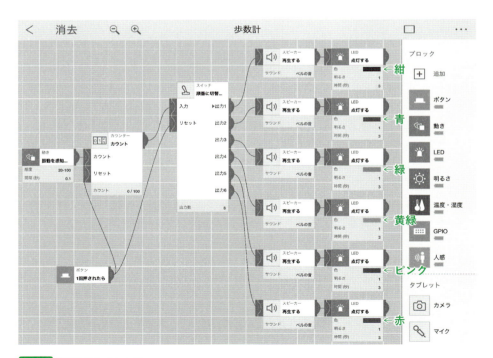

図3.37 「歩数計」のレシピ

4 動きブロックの「振動を感知したら」にある「感度」に振動の最小値と最大値を設定しておくと、実際に感知した振動の大きさが「この数値の範囲内」だったときだけ信号を出力します。歩くときの 1 歩を検知するには、図3.38のように「感度」の最大値は常に100にしておき、最小値をいろいろ変えながらちょうどいい敏感さとなるよう試してみるのがよいでしょう。また、「間隔（秒）」のところでは、「感度」で指定した範囲の振動が続く時間を指定します。この数値を変更しても、動きブロックの敏感さが変化します。

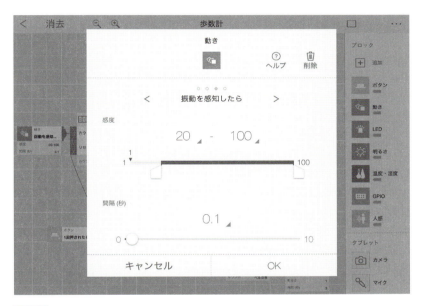

図3.38 動きブロックの設定

5 カウンターの「カウント」数を100に設定します（図3.39）。歩数を計測中にカウントが設定値に達すると、カウンターは信号を出力してから「カウント」数を自動的にリセットし、再び 0 からカウントを続けます。

図3.39 カウンターの設定

6 スイッチの「順番に切替える」で「出力数」を6に設定します（図3.40）。100歩進むごとにカウンターからの信号がスイッチに入力されるので、この例では最大で600歩までを数えることができます。

図3.40 スイッチの設定

7 この歩数計を実際に試してみるとわかりますが、レシピどおりにつくっただけでは、歩数を正確に数えることができません。なぜなら1歩前へ足を進めるときの振動や歩く速さは人によって違うため、動きブロックの「感度」や「間隔」に設定した数値が、その人の歩き方に合っているとはかぎらないからです。まずは自分専用の歩数計として、自分の歩き方に合った設定値を見つけるため、設定値をいろいろと変えながら試行錯誤をくり返してみましょう。

チャレンジしてみよう

　この歩数計では600歩までしか計測できません。カウンターの設定を変更したとしても、最大で1,000歩が限界です。そこでMESHのレシピを改造して、1,000歩以上でも計測できるようにしてみましょう。

　ヒント：複数のカウンターをつないでみてください。そうすれば、1,000回以上の計数が可能になります（図3.41）。

カウンター1が上限の1,000に達したら信号を出力するよう設定すれば、カウンター2と合わせて最大で1,000,000まで計測できるようになる。同じようにしてカウンターを直列に何個もつなげれば、計測できる数はもっと増やせる。

図3.41 カウンターで1,000以上の数を計測する

3 プログラミング教育の現場から

> ステップ

自分で作った道具（おもちゃ）で遊ぶ喜びを知る

　夏休みに、民間のプログラミング教室でプログラミング体験をするワークショップが開催されました。ワークショップの目的は、マイコンボードを使って、楽しく遊んだり、おもちゃを自作しながらプログラミングを学ぶことです。ワークショップには、すごろく遊びをするコースと、ラジコンカーを作成するコースという2つのコースがありました。

　すごろくゲーム遊びのコースが開催されたある1日。プログラミング経験のほとんどない小学生10名弱が参加。子どもたちの前にはプログラミング体験キット一式とタブレットが配られています。体験キットには手のひらサイズのマイコンボードが入っていて、25個のLEDやプログラムを起動するボタン、加速度や温度を検知するセンサーなどが付いています。

　最初に先生からプログラミングについて20分ほどの基礎的なレクチャーがあった後、さっそくプログラミングの実践です。マイコンボードを使って、すごろく遊びの重要な道具である「さいころ」をつくります。自分たちが遊ぶための道具を自分たちでつくるというチャレンジです。教えられたように、タブレット上でブロック図を組み合わせてプログラムをつくります。振動の検知、乱数、LEDに数字を表示する、プログラムをマイコンボードへダウンロードする。ほとんどプログラミング経験のない子どもには難しすぎるのでは？　と思いつつも、サポーターのスタッフに手助けしてもらいながら、子どもたちは怖がることなく手を動かします。

　マイコンボードを振って数値が表示されるとうれしそうな子どもたちでわいわいと教室が沸きあがります。全員、難なく課題クリアです。

　ここからがすごろくの本番。手づくりの大きなすごろく盤が机の上に広げられました。子どもたちは画用紙を使って自分のコマを工作します。直接プログラミングにかかわらないことでも「自分でつくる」を徹底しているあたりは教室のこだわりを感じます。

　さあ、すごろくのスタートです。Myさいころを振り、出た目の数だけコマを進めます。止まったマスには「温度計をつくって部屋の温度を計ってみよう」「電卓をつくって124*47を計算してみよう」などクリアすべき課題が書かれています。

©Swimmy by SAI

> 図3.42　すごろくゲーム遊びのコースの一風景

©Swimmy by SAI

図3.43 ラジコンカーを作成するコースの一風景

ここでは全員で協力して課題に取り組み、順番にMyサイコロを振ってコマを進め、ゴールへたどり着くのが、この日の目標です。

別の日には、ラジコンカーのコースが開催されました。マイコンボードの基本キットのほかにラジコンカーを工作するための部品類一式が準備されています。ラジコンカーを完成させ、自分自身で操縦して楽しむことがこの日のゴールになります。

ドライバーを使って、タイヤや車のボディを組み立て、ギアやモータを取り付けていきます。まるでプラモデルをつくっているかのようです。身のまわりにある日常品を素材として、組み合わせて自由な発想で作品をつくっていくのとは異なり、ここでは、指示された手順にしたがって、順序よく作品をつくり上げていきます。それでも子どもたちは十分にモノをつくる楽しさを味わっているようです。マニュアルの指示どおりといっても、「配線が絡まないようにするにはどうつないだらよいのだろうか」とか、工夫の余地はいろいろありますし、うまくできた子、苦戦している子といろいろいます。

それでも、やった分だけ成果が形になって現れる工作は夢中になれる活動なのかもしれません。

もちろん組み立てて終わり、というわけではありません。今度は車を動かすためにプログラミングを行います。マイコンボードを使ってリモコンを手づくりし、これを用いて車を制御します。まずは、まっすぐに車を走らせるのが第一段階。リモコンでボタンを押したら前に進み、ボタンを離したら止まる、というような制御をして、ラジコンカーを走らせてみます。タブレット上のプログラミング環境でブロック図型の言語を用いてプログラムを作成します。

マイコンボードにこのプログラムをダウンロードして、いよいよ、ラジコンカーの操縦です。ボタンをON! 車が動き出して一瞬、子どもたちの歓声が沸くのですが、すぐに落胆に変わります。車が思うようにまっすぐ走らないのです。タイヤが垂直についていなかったり、前輪と後輪が平行になっていなかったり、いろいろな原因で車はまっすぐには進んでくれません。ここで微妙な調整の試行錯誤をして、なんとかまっすぐに走れるようになると、次の段階です。

今度は自由自在にリモコンを操って車を操縦するためのプログラミングです。例えば、リモコンをハンドルに見立てて、リモコンを左右に動かすと車も左右に方向を変えるというような制御を行います。このあたりになるとかなりプログラミング的にも複雑になってきます。参加者は小学生ですが、学年差があるので、進み方には多少の差異は出てきます。そこはサポートスタッフの手を借りて、全員、課題をクリアしていきます。

同じプログラミングキットで作成していますので他人からみれば同じラジコンカーにみえるかもしれません。それでも、それぞれが自分の力でつくり上げた、自分だけのオリジナルラジコンカーというのが重要なのです。

この2つのコースは一見するとまったく異なる教育を行っているようにみえるかもしれません

が、これらが目指す学びの中身は共通していま
す。どちらも達成すべき明確な課題があり、それ
らをひとつひとつクリアしていくことで、小さな
成功体験を積み重ね、プログラミングの楽しさを
経験することができるというものです。

　課題には正解があり、正しくやれば必ず正解に
たどり着けます。1人で難しければサポートをし
てくれる仲間や、スタッフが、正解へとたどり着
くことを手助けしてくれます。小さな成功体験に
加えて、「ゴールして仲間と喜び合う」「ラジコン
カーを操縦してみんなにお披露目する」という大
きな目標があり、達成したときに、子どもたちは
大きなカタルシスを得ることができるのです。

　一見すると、子供たちは論理的で難しい課題を
難なくこなしているようにみえます。実際、プロ
グラミングには「変数」という抽象的な概念も出
てきます。先生は、変数を箱に見立て、代入操作
を箱に数字を入れるモデルでやさしく説明してい
ましたが、どこまで子どもたちは理解しているの
でしょうか。

　いや、そんなことは問題ではないのです。十全
の理解がなくても子どもたちは怖がりません。
「やってごらん」といわれれば、すばやく操作を
覚え、どんどんチャレンジします。概念や理屈を
理解しないと怖くて手が動かせない大人とは違う
のです。

　わからなくてもまねしてくり返すことで、ス
ムーズにプログラミングのブロックを操作し、マ
イコンボードにプログラムをインストールし、ラ
ジコンカーを制御していきます。難解な概念は理
解できなくても、あたかも理解しているがごとく
に賢く振る舞うことができるのです。理解しない
と意味がない？　そんなことはありません。ここ
では「理解すること」より「できること」が先ん
ずるのです。できることで子どもたちのプログラ
ミングへの興味が引き出されるのです。

　スタッフもきめ細かく子どもたちを教えます。

小学生は、1学年違えば学習の理解レベルが大き
く異なります。まねるのに精いっぱいの子どもも
いれば、プログラムの構造をある程度、論理的に
理解できる子どももいます。スタッフの面々は深
く理解したい子にはていねいな説明をして、プロ
グラミングのより深いおもしろさも伝えていまし
た。

　ここで紹介した2つのワークショップは、「自
分のつくった玩具（Myおもちゃ）で遊ぶ」とい
う楽しさも共通しています。すごろく盤はあらか
じめ準備されたものでしたが、自作のサイコロを
使ってゲームを楽しみました。ラジコンカーも、
オリジナルのMyラジコンカーを操縦して楽しみ
ました。

　ワークショップには、ラジコンカー好きの少年
が参加していました。親に買ってもらったラジコ
ンカーを普段から楽しんでいるそうです。作品の
お披露目の際も、彼の操縦術は見事なものでした
が、加えて、自分自身でつくった自分だけのラジ
コンカーを操縦していることも、その喜びを倍増
させているようでした。見学にきていた母親に、
操縦してみせただけではなく、どうやってこのラ
ジコンカーをつくったかを楽しそうに説明し、こ
れからどんなふうに変えてみたいかという将来の
構想も語りかけます。

　プログラミングをどこまで理解したかを問うよ
りも、このプログラミング体験をイキイキと語る
子どもたちの姿こそが重要ではないでしょうか。

Chapter **4**

MESHを駆使しよう

1 イライラ棒に挑戦しよう！
呪いの線にふれると魔女が笑うゲームをつくってみよう

2 魔法の杖でランプを点けよう！
魔法の杖でランプを点けるしくみをつくってみよう

3 キリンさーんとよびかけよう！
よびかけるとかけ寄るしくみをつくってみよう

4 マスコンを操作して出発進行！
手もとで鉄道玩具を制御するしくみをつくってみよう

5 理科の実験に挑戦しよう！
光電池でコンデンサに蓄電して鉄道玩具の走行距離を測定してみよう

6 線路のポイントを切り替えよう！
鉄道玩具の分岐レールを切り替えるしくみをつくってみよう

7 鉄道の遅延情報を調べよう！
インターネットの運行情報を調べるしくみをつくってみよう

CHAPTER 4

1 イライラ棒に挑戦しよう！
≫ 呪(のろ)いの線にふれると魔女が笑うゲームを
つくってみよう

　アルミホイルなどで曲がりくねった細長い線、その線にふれないように動かすカギ状の棒をつくり、その2つが接触したら音と光で反応するしかけを作成します。作品をつくりながらGPIO（General Purpose Input Output）を用いたオリジナルのスイッチの利用方法について理解を深めます。

学ぶこと

1 MESH設定・操作方法

	MESHの動作または条件、値の設定
GPIOブロック	デジタル入力「High → Low」 (DIN1（呪いの線）、DIN2（スタート）、DIN3（ゴール）の3系統を使用)
タイマー	一定の間隔で (あらかじめOFFにしておき、スタートでONに、ゴールでOFFに設定)
スピーカー	再生する (呪いの線で「魔女の笑い声」、スタートで「ベルの音」、ゴールで「歓声」を再生（Chapter 2の②〔36ページ〕参照）)
LEDブロック	点灯する（3秒） (呪いの線で「赤色」、スタートで「黄色」、ゴールで「青色」に点灯)

＊　本節は、遊びを考案する演習課題で学生がグループ制作し、MESH Recipeのサイトで発表した作品に、筆者がアレンジを加えて紹介したものです。
https://recipe.meshprj.com/jp/recipe/3864
https://recipe.meshprj.com/jp/recipe/3877

2 プログラミング的観点

≫ GPIOブロックでオリジナルのスイッチをつくって活用する

≫ タイマーで制限時間を設け、タイムアウト（時間切れ）したときの処理と、タイムアウトする前にタイマーを解除する処理を活用する

では、さっそく、GPIOブロックを用いて、イライラ棒をつくってみましょう。ところで、皆さんは、GPIOとは何か知っていますか？「はーい、アニメのタイトル！」「そうそう、グレート・プロフェッサー・オニヅカの略称でね」って、違います。GPIOはGeneral Purpose Input Output の略語で、電子工作用の配線用ワイヤーをつなぐ部分（穴）のことです。この穴は合計10個あり、図4.1の左上が1番で、電源供給を開始したり停止したりします。その右の2番から4番はデジタル入力で、3つの系統のデジタル信号の変化を感知します。

図4.1 GPIOブロックの上段の5つ（左から1番、2番、…5番）

イライラ棒ではこの3つの系統を用いて接触を感知するスイッチ、スタートスイッチ、そしてゴールスイッチをつくります。右上が5番で接地（グラウンド）という電位の基準点（0V）です。前述の2〜4番のデジタル入力と、接地とを接触させると、デジタル入力の電圧が High から Low に変化します。逆に、離すと電圧が Low から High に変化します。ここでは、この変化をトリガー（きっかけ）として利用します。

> **準備するモノ**

- GPIO配線用のワイヤー（ワニ口とオス：赤、黄、青、黒）
- 延長用のワイヤー（オスとメス：黒）*
- アルミホイル
- 段ボール
- 直径5mmのひも
- S字フック
- わりばし

---

* 詳しくは、以下のURLのインターネットサイトを参照。
https://www.switch-science.com/catalog/2519/
https://www.switch-science.com/catalog/2294/

- のり
- 粘着テープ
- はさみ

> **作成手順**

1 まずは、図4.2のようにGPIOブロックを1つ、LEDブロックを1つ、そしてスピーカーを1つ配置して、配線をしましょう。後ほど、上側に配線を追加しますから、キャンバスの一番下に配置しましょう。GPIOブロックはデジタル入力の1つ目（DIN1）でトリガーは「High→Low」を選択します。LEDブロックは赤色、スピーカーは「魔女の笑い声」を選択します。

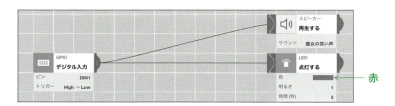

図4.2　GPIOブロックのデジタル入力1からスピーカーとLEDブロックへの配線

2 次に、図4.3（a）のように、GPIOブロックの2番の穴に赤色ワイヤー、5番の穴に黒色の延長ワイヤー、その先に黒色ワイヤーを差し込みましょう。図の（b）のようにわりばしの先にS字フックを粘着テープで固定し、黒色ワニ口ではさみます。

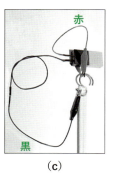

　　　（a）　　　　　　　（b）　　　　　　（c）

図4.3　GPIOブロックへの配線用ワイヤーの差し込み

さて、MESHアプリで実験です。図の（c）のように赤色ワニ口でS字フックにふれるとどうなるでしょう。「魔女が笑った！　LEDが赤く光った！　怖い～」実験成功です。

3　次に、30秒のタイマーをしかけます。図4.4のように、タイマーを１つ、GPIOブロックを１つ、LEDブロックを１つ、そしてスピーカーを１つ配置して、配線をしましょう。タイマーは「一定の間隔で」を選び、ON/OFF（オン・オフ）は「OFF」にし、間隔（分：秒）は「30」にします。GPIOブロックはデジタル入力の２つ目（DIN 2）、LEDブロックは黄色、そしてスピーカーは「ベルの音」を選択します。では、GPIOブロックの３番の穴に黄色ワイヤーを差し込み、S字フックにふれてみましょう。「チン！」と、あらかじめ用意しておいたベルの音が鳴れば成功です。

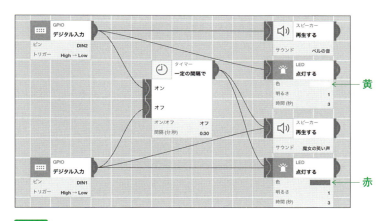

図4.4　GPIOのデジタル入力2とタイマーの配線

4　最後に、ゴールしたらタイマーを解除する設定を行います。図4.5のように、GPIOブロックを１つ、LEDブロックを１つ、そしてスピーカーを１つ配置して、配線をしてみましょう。GPIOブロックはデジタル入力の３つ目（DIN 3）、LEDブロックは青色、スピーカーは「歓声」を選択します。GPIOの４番の穴に青色ワイヤーを差し込み、S字フックにふれると、歓声が聞こえることを確認しましょう。

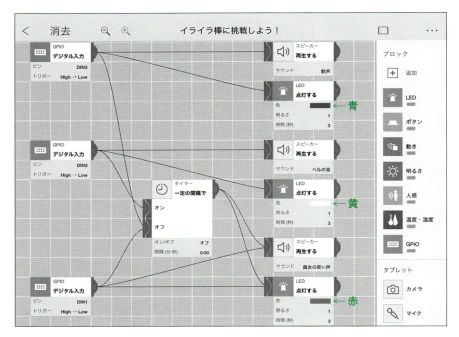

図4.5 「イライラ棒に挑戦しよう」のレシピ

　これで黄色にふれてゲームスタート、青色にふれてゴール、赤色にふれるか30秒経つかするとゲームオーバーというルールのゲームの配線の完成です。

5　ここまで動作確認できたら、工作の過程に進みましょう。直径5mmほどのひもを用意して、アルミホイルを細長く切って巻きつけていきます。段ボールは、図4.6のように机からぶら下げます。「スタート」と「ゴール」の辺りに穴をあけて、アルミホイルを巻いたひもを通して裏側でぬけないように結び目をつけておきます。その穴の裏側で赤色のワニ口でひもをはさんでひものアルミホイルに通電し、このひものあちこちをS字フックでふれて魔女が笑うことを確認します。

　次に、スタートとゴールの穴のまわりにアルミホイルをのり付けして、スタートは黄色のワニ口、ゴールは青色のワニ口ではさんで通電します。このとき、ひものアルミホイルと接触しないように穴のまわり5mmくらいは空けておきます。S字フックで黄色（スタート）にふれて「チン」、ゴール（青色）にふれて歓声、そしてひもに接触して魔女の笑い声が聞こえることを確認します。段ボールは机からぶら下げ、iPadなどで重しをして完成です。

 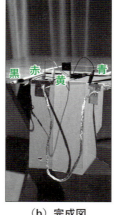 

（a）材料　　（b）完成図　　（c）接触したときのようす

図4.6 （a）ゲームの材料、（b）完成図、（c）接触したときのようす

チャレンジしてみよう

「呪いの線」の長さや形状を工夫して、自分のオリジナルのコースをつくってみよう。また、タイマーの時間設定を変更して、ゲームの難易度を調整してみよう。

GPIOブロックの下段にある5つの穴の役割

図4.7の左下の6番から8番はデジタル出力で、3つの系統のデジタル信号を送信します。

その右の9番はアナログ入力で、徐々に変化する電圧が、指定された数値（閾値）を上回ったことを感知したり、閾値を下回ったことを感知したりします。

そして、右下の10番は、PWM出力で、徐々に電圧を変化させることができます。

なお、PWMはPulse Width Modulationの略称で、電圧が高い時間と低い時間を交互に設けて、その2つの時間の比率を変化させることで、平均値として電圧を制御する方法です。たとえば、電圧が高い時間と低い時間が同じであれば、平均値として電圧は50％に低下します。

図4.7 GPIOブロックの下段にある5つの穴（左から6番、7番、…10番）

CHAPTER 4

2 魔法の杖でランプを点けよう！
≫ 魔法の杖でランプを点けるしくみをつくってみよう

　おはしサイズの魔法の杖とUSBで点灯するライトを用意し、動きを感知するとGPIO用のUSBパワースイッチが入るしかけを作成します。作品をつくりながらGPIO用の拡張ボード（USBパワースイッチ）の利用方法について理解を深めます。

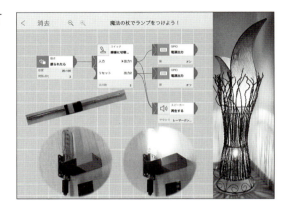

学ぶこと

1 MESH設定・操作方法

	MESHの動作または条件、値の設定
動きブロック	振られたら （感度「20-100」、間隔（秒）「2」に設定）
スイッチ	順番に切替える （出力数は「2」に設定）
スピーカー	再生する （「レーザーガンの音」を再生（Chapter 2の❷〔36ページ〕参照））
GPIOブロック	電源出力 （一方は「ON」、他方は「OFF」に設定）

＊　本節は、「日常を楽しくする」という演習課題で学生が制作し、MESH Recipeのサイトで発表した作品に、筆者がアレンジを加えて紹介したものです。
　　https://recipe.meshprj.com/jp/recipe/3596

2 プログラミング的観点
≫ GPIO用USBパワースイッチで、USB電源のON／OFFを制御する
≫ スイッチで、電源のオンとオフを交互に実行するしかけを活用する

　では、GPIO用USBパワースイッチを用いて、USBライトのMESH制御をしてみましょう。ところで、皆さんは、いつも使っている魔法の呪文はありませんか？「魔法の杖ですよ♪　5人の小人たち♪　ちちんぷいぷいの〜♪　ぷい♪」「あ、ランプが点いた！」って、そうなのです。頭でしかけがわかっていても、けっこう感動します。呪文を唱えてもう一度杖を振ると消えます。「バルス！」って、ランプがこわれそうです。

> **準備するモノ**

- MESH GPIO用USBパワースイッチ（(株)スイッチサイエンス、図4.8）*
- USB電源（ACアダプタなど）
- USBケーブル（電源とパワースイッチをつなぐために使う）
- USBライト（お好みのもの）
- 輪ゴム
- 精密プラスドライバー
- お好みのランプシェード（小枝などを集めて自作してもよい）

図4.8　GPIO用のUSBパワースイッチ

＊　詳しくは、以下のURLのインターネットサイトを参照。
　　https://www.switch-science.com/catalog/3437/

> **作成手順**

1 MESHアプリで、図4.9のように、動きブロックを1つ、スイッチを1つ、GPIOブロックを2つ、スピーカーを1つ配置し、配線をしてみましょう。動きで「振られたら」の連続して感知する「間隔（秒）」を2〜3に設定し、誤動作を防止します。

　スイッチで「順番に切替える」として電源出力のON（オン）とOFF（オフ）が交互に切り替わるようにし、GPIO用USBパワースイッチを制御します。そして、動作音としてあらかじめ用意しておいた「レーザーガンの音」を再生します。

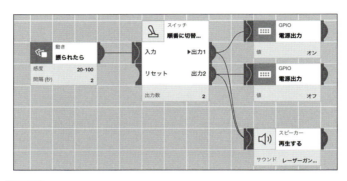

図4.9 「魔法の杖でランプを点けよう！」のレシピ

2 USBパワースイッチにUSBライトと給電用のケーブルを差し込みます。また、図4.10のように、GPIOブロックは灰色部分に10個の点の模様がある面（アイコンマークのある面）が給電用ケーブル側になるように、向きに注意して差し込みます。組み上がったら、それを好みのランプシェードに取り付けて、自分だけの魔法のランプをつくってみましょう。

（a）消灯時　　　　　　　　　（b）点灯時

図4.10　GPIOブロックのUSBパワースイッチへの取り付け

3 魔法の杖は指示棒やわりばしなどを使います。そこに動きブロックを取り付けます。その際、振りまわしても外れて飛んでいかないように、図4.11のように、太めの輪ゴム（ミニカーや自動車のラジコンのタイヤを使うとよりよい）などでしっかりと固定します。

さあ、皆さんも、呪文を唱えながら魔法の杖でランプを点けたり消したりしてみましょう。

輪ゴム

図4.11　動きブロックを取り付けた魔法の杖

チャレンジしてみよう

USBライト以外に、ON／OFFするとおもしろいことができそうなUSBグッズを探してみよう。

ヒント：本節冒頭の写真右側の作例は、ライトを2灯付けています。図4.10では、USBパワースイッチにライトを直接差し込んでいますが、かわりにUSBハブを差し込み、USB延長ケーブルを介して上方のライトを付けています。

CHAPTER 4

3 キリンさーんとよびかけよう!
≫ よびかけるとかけ寄るしくみをつくってみよう

キリン

メカ・キリン

人感ブロック

マイク

タイマー

スピーカー

GPIOブロック

　メカ・キリン（(株)タミヤ）を用意し、マイクが反応するとGPIO用FET（Field Effect Transistor）ボードをONにするしかけを作成します。作品をつくりながらGPIO用の拡張ボード（FETボード）の利用方法について理解を深めます。

* 本節は、筆者が制作し、MESH Recipeのサイトで発表した作品に、少しアレンジを加えて紹介したものです。
https://recipe.meshprj.com/jp/recipe/3220

学ぶこと

1 MESH設定・操作方法

	MESHの動作または条件、値の設定
人感ブロック	感知したら、間隔（秒）を「3」に設定 感知しなくなったら、時間範囲（秒）を「10」に設定
マイク	音を感知したら （感度「75-100」に設定）
タイマー	待つ （時間（分：秒）は「10」や「20」に設定）
スピーカー	再生する （自分で録音した「おやつ」を再生（Chapter 2の②〔37ページ〕参照））
GPIOブロック	PWM出力 （Ｄuty比は「100」で最大、「30」で3割、そして「0」で停止）

2 プログラミング的観点

≫ **GPIO用の拡張ボードの1つであるFETボードで、12 Vで3 Aまでの電流を制御する**

≫ **タイマーで一定時間後に電源をオフにするしかけを活用する**

では、GPIO用のFETボードを用いて、メカ・キリンのMESH制御をしてみましょう。ところで、皆さんは、FETって何か知っていますか？「はーい、かわいい動物！」「そうそう、日本のペットは、ネコが952万頭、イヌが892万頭で、一般社団法人ペットフード協会の2017年の調査結果では、ネコの飼育頭数がイヌの飼育頭数を上回ってね」って、違います。ここで、FET とは Field Effect Transistor の略語で、ゲート電極に電圧をかけることで電流を制御する電子部品のことです。このFETを利用して、12 Vで3 Aまでの電流を制御できるようにしたのが、MESH GPIO用FETボード（スイッチサイエンス社製）です。

GPIOブロックの10番ピンのPWM出力の値を 0 から100の範囲で制御することで電池の電流を制御します。ここでは、メカ・キリン（4 足歩行タイプ、(株)タミヤ製）を組み立て、スイッチの部分を外して、かわりにFETボードを取り付けてMESHで制御します。「じゃあ、わが家にペットならぬフェットのキリンさんがやってくるのですね！」

そうなのです。ちびっ子の大好きなキリンさん。いつも会えたらいいな。そんな願いをかなえてくれるMESHのキリンさんは人の気配を感じるとそろそろと動き出します。「キ

リンさーん！」とよぶと、「おやつー！」といいながらかけ寄ってきます。

準備するモノ

- メカ・キリン（4足歩行タイプ）（(株)タミヤ）[*1]
- MESH GPIO用FETボード（(株)スイッチサイエンス、図4.12）[*2]
- 輪ゴム
- 精密プラスドライバー
- プラスドライバー

図4.12 GPIO用のFETボード（端子は右からVDD、GND、＋、－）

作成手順

1. メカ・キリンを説明書のとおりに組み立てます。なお、スイッチの部分は不要ですので外して、かわりにFETボードにつなぎます。図4.13のように、電池ボックスのプラス線（黄）をFETボードのVDD端子に、マイナス線（緑）をGND（グランド）端子にそれぞれつなぎます。線の先は5mmほど皮をむいて銅線を露出させます。細い線は、ライターの火で1〜2秒皮をあぶってやわらかくして、端から5mmの辺りを指のつめではさんでひっぱると簡単に皮がむけます（あぶり過ぎるとやけどしますので注意しましょう）。FETボードの端子に銅線を差し込んで、上部のねじを精密ドライバーで回して固定します。

   同様にして、モーターのプラス線（赤）を「＋」端子に、マイナス線（黒）を「－」端子につなぎます。実際に動かしてみて、後進するようなら、図4.13のようにモーターのプラス線（赤）とマイナス線（黒）を入れ替えてつなぎ直し、前進するように調整します。GPIOブロックは、アイコンマーク（灰色部分に10個の点の模様）がある面が4本の線をつないだ端子側になるように、向きに注意して差し込みます。

   そして、このGPIOブロックは、歩行時のバランスを考慮して、輪ゴムでお腹の部

[*1]、[*2] 詳しくは、以下のURLのインターネットサイト参照。
　　　https://www.tamiya.com/japan/products/71105/
　　　https://www.switch-science.com/catalog/2400/

分に固定します。

図4.13 GPIOのFETボードへの取り付け

2. MESHアプリで人感センサーをしかけます。図4.14のように、人感ブロックを2つ、GPIOブロックを2つ配置して、配線しましょう。人を「感知したら」、PWM出力を30に上げます。一方、人を「感知しなくなったら」、PWM出力を0に下げます。ここで、もしキリンが後退した場合は、モーターの線を入れ替えてつなぎ直し、調整します。

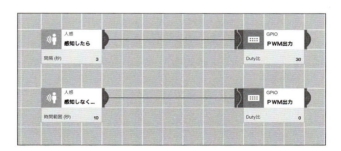

図4.14 人感ブロックからGPIOブロックのPWM出力への配線

3. では、「キリンさーん！」とよびかけると、「おやつー！」といってかけ寄ってくるようにしかけます。図4.15をみながら、マイクを1つ、GPIOブロックを1つ、そしてスピーカーを1つ配置して、配線しましょう。マイクは一定の音量を超えると反応します。なお、言葉の意味は判別していませんので、「ゾウさーん！」とよんでも反応します。スピーカーでは「追加」を押して「おやつー！」という音声を自分で録音します。PWM出力は100にします。

このままだと止まらないので、10秒後にPWM出力を30に下げ、20秒後にPWM出力を0に下げます。こうすることでゆっくりになり、最終的に止まる動作をさせることができます。

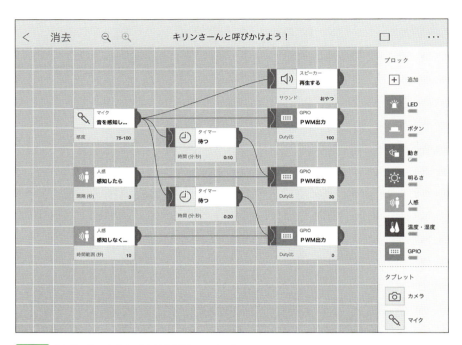

図4.15　「キリンさーんとよびかけよう！」のレシピ

チャレンジしてみよう

　メカ・キリン以外に、ON／OFFするとおもしろいことができそうなおもちゃを探してみよう。

　たとえば作例として、メカ・ダチョウ[1]（2足歩行タイプ、図4.16（a））は電池ボックスの上にFETとGPIOブロックを乗せ、前に寄せて輪ゴムでとめました。

　対してメカ・ドッグ[2]（4足歩行タイプ、図4.16（b））はキリンと同様に腹に配置しました。

　また、歩くトリケラトプス工作セット[3]（図4.16（c））は、ドリルで3mmの穴を開けて、モーターの線を下に通し、FETボードを前にして腹の下に取り付けました。

　歩くティラノサウルス工作セット[4]（図4.16（d））は、FETとGPIOの上下を逆にしてお

腹の下で後ろ寄りに取り付けました。

　そして、歩く象工作セット[*5]（図4.16（e））は、電池ボックスからの線は穴を空けて上に通し、背中にFETとGPIOを乗せて輪ゴムでとめました。

（a）メカ・ダチョウ

（b）メカ・ドッグ

（d）歩くティラノサウルス工作セット

（c）歩くトリケラトプス工作セット

（e）歩く象工作セット

図4.16　GPIO用のFETボードを取り付けた作例

---

*1　メカ・ダチョウ（2足歩行タイプ）（(株)タミヤ）
　　https://www.tamiya.com/japan/products/71104/
*2　メカ・ドッグ（4足歩行タイプ）（(株)タミヤ）
　　https://www.tamiya.com/japan/prcducts/71101/
*3　歩くトリケラトプス工作セット（(株)タミヤ）
　　https://www.tamiya.com/japan/prcducts/70088/
*4　歩くティラノサウルス工作セット（(株)タミヤ）
　　https://www.tamiya.com/japan/products/70089/
*5　歩く象工作セット（(株)タミヤ）
　　https://www.tamiya.com/japan/products/70094/

CHAPTER 4

マスコンを操作して出発進行!
≫ 手もとで鉄道玩具を制御するしくみを
つくってみよう

鉄道玩具の動力車を用意し、動きブロックの向きを変えることでGPIO用モータドライバを介してスピードの制御や進行方向の制御をするしかけを作成します。作品をつくりながらGPIO用の拡張ボード(モータドライバ)の利用方法について理解を深めます。

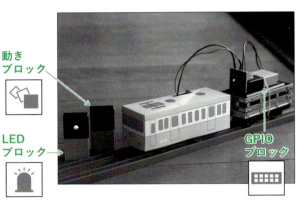

学ぶこと

1 MESH設定・操作方法

	MESHの動作または条件、値の設定
動きブロック	向きが変わったら (「上」で前進、「下」で後進、「左」と「右」で徐行、そして「表」と「裏」で停止に設定)
LEDブロック	点灯する (「青色」で出発、「黄色」で徐行、そして「赤色」で停止に設定)
スピーカー	「再生する」で「ベルの音」を再生 (Chapter 2の②〔36ページ〕参照)
GPIOブロック	電源出力で「ON」と「OFF」を制御 デジタル出力3(DOUT3)で値を「High」にすると後進、「Low」にすると前進 PWM出力で、Duty比は「50」で5割、「30」で3割、そして「0」で停止

* 本節は、筆者が制作し、MESH Recipeのサイトで発表した作品に、少しアレンジを加えて紹介したものです。
https://recipe.meshprj.com/jp/recipe/3044

2 プログラミング的観点

≫ 「イベント」が生じた、すなわちコンピュータの立場に立って人間から何かされたときに、「イベントハンドラ」（＝イベントの対処プログラムを実行する）といううしくみを理解する（イベントモデル）

≫ GPIO用の拡張ボードの1つであるモータドライバで、モータの回転速度と回転方向を制御する

では、さっそく、GPIO用モータドライバを用いて、鉄道玩具のマスコンをMESHで作成してみましょう。「やったー！　つくる！　つくる！　ところで、マスコンって何？」

マスコンは、鉄道車両の速度を制御する運転席にあるスイッチ装置のことです。動きブロックの「向きが変わったら」によってGPIOブロックにつないだモータドライバを制御し、鉄道玩具の動力車のモータを制御するというしかけを作成します。MESH GPIO用モータドライバは、電源とモータの間で、スイッチのON（オン）とOFF（オフ）、電流の強さ、そしてプラスとマイナスの逆転の制御が可能です。

準備するモノ

- MESH GPIO用モータドライバ（(株)スイッチサイエンス、図4.17）[*1]
  （または）はじめてのMESH GPIOキット（(株)スイッチサイエンス。モータードライバ、電池ボックス、配線用のワイヤーを含む）[*2]
- 電池ボックス
- 配線用のワイヤー（2本、1本は片方がワニ口のもの）
- 鉄道玩具（動力車と貨車）
- 電池
- 輪ゴム
- 精密プラスドライバー

図4.17 GPIO用のモータドライバ（端子は右からVM、GND、OUT1、OUT2）

詳しくは、以下のURLのインターネットサイト参照。
[*1] https://www.switch-science.com/catalog/2502/
[*2] https://www.switch-science.com/catalog/2790/

> **作成手順**

1. 鉄道玩具の動力車のボディーを外し、電池ボックスが見える状態にします。外し方は使用する車両によって異なりますので、それらの説明書をよく読んで外します。鉄道玩具の電池ボックスのねじは基本的には1本で開きますから、1本目だけでは開かず、2本目を開けようとする前に、「開ける箇所が違う」と考えて、1本目をしめ直した後に、正しいねじを開けるようにしてください。2つとも開けてしまってバラバラに分解してしまい、もとに戻すのに苦労している方をときどき見かけます。また、ねじを使わないタイプもあります。

   さて、電力は「電池ボックス → モータドライバ → 動力車のモータ」の順で供給されます。図4.18のように、モータドライバのVM端子に電池ボックスのプラス線（赤）を、GND端子にマイナス線（黒）をそれぞれつなぎます。モータドライバの端子に銅線を差し込んで、上部のねじを精密ドライバーで回して固定します。そして、OUT1端子に赤色の配線用ワイヤー、OUT2端子に黒色の配線用ワイヤー（片側がワニ口のもの）を同様につなぎます。

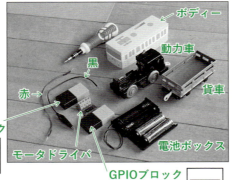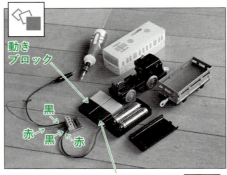

図4.18 GPIO用モータドライバへ配線用ワイヤーを差し込み、固定する

2. 動力車の電池ボックスのマイナス端子を「黒色のワニ口」ではさみます。ただし、後でボディーを取り付けますので、クリップは横に寝かせた状態にしておきます。

   一方、動力車の電池ボックスのプラス端子は、金具のすき間などに赤色の配線用ワイヤーの先端を差し込み、外れないようにテープなどで固定しておきます。GPIOブ

ロックはアイコンマーク（灰色部分に10個の点の模様）がある面が4本の線をつないだ端子側になるように、向きに注意して差し込みます。貨車に電池ボックスとGPIOブロックを乗せて輪ゴムで固定します。

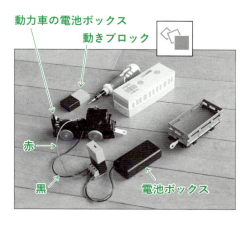
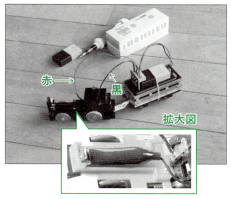

図4.19 配線用ワイヤーを動力車の電池ボックスへ接続する

3　動力車にボディーを取り付ける前に、MESHアプリを設定して動作確認します。図4.20のように、動きブロックを6つ、GPIOブロックを7つ、LEDブロックを3つ、スピーカーを1つ配置して、配線しましょう。

　「向きが変わったら」が「上」のとき、前進で速度50にして電源出力をON（オン）にします。また、デジタル出力3は「Low（ロー）」で前進、「High（ハイ）」で後進します。

　図4.18で使用する電池ボックスは3Vタイプであるのに対して、鉄道玩具の電池ボックスは1.5Vタイプですから、電圧を合わせるために、最大出力（Duty（デューティー）比）を50にします。そして、電源出力を「ON」にすると、これらの設定で動力車が動き出します。ついでに、信号機としてLEDを「青色」、発車ベルも鳴らしておきます。ここで、さっそく走らせてみたいという気もちにかられますが、必ず停止を先につくってから出発してください（止まらない電車になってしまいます）。

　「向きが変わったら」は、「表」と「裏」は停止で速度（Duty比）「0」にして「電源出力」も「OFF」、また「左」と「右」は徐行で速度（Duty比）「30」、そして「下」は後進で速度（Duty比）「30」です。では、「出発進行！」

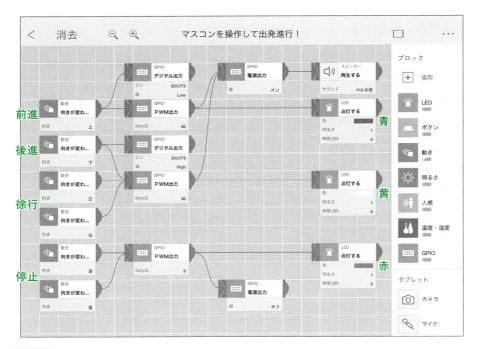

図4.20　「マスコンを操作して出発進行！」のレシピ

4　動力車に電池が入っていないため、重さが足りずに前輪が浮いてしまう場合には、何か重しを乗せると安定します。動作確認ができたら、図4.21のように、ボディーを取り付け、レールに乗せて完成です。ボディーを取り付ける際、スイッチの穴などから配線を出すようにします。これにはモータドライバの端子につないだ配線をいったん外して、穴から出して再び端子につなぎます。

　動かない場合は、「動力車のスイッチはONにしたか？」「電池ボックスのスイッチはONにしたか？」「GPIOブロックの向きは正しいか？」「動力車の電池ボックスとの接続が接触不良ではないか？」を確認します。

図4.21　鉄道玩具のGPIO用モータドライバによる制御の作例

チャレンジしてみよう

なめらかにスピードアップして発車したり、なめらかにスピードダウンして停車したりするしくみをつくってみよう。

ヒント： タイマーとスイッチを組み合わせるとつくれます。タイマーを最初は「OFF」にしておきます。ボタンを押してタイマーを「ON」にし、1秒ごとに信号を出して、スイッチで「出力1」「出力2」「出力3」「出力4」と順に切り替えます。

そして、スイッチの「出力4」でタイマーを「OFF」にします（くり返しは4回で止まります）。図4.22はなめらかな発車、図4.23はなめらかな停車のしかけのレシピ例です。

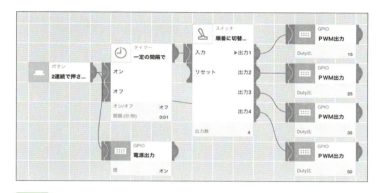

図4.22 なめらかにスピードアップして発車するしかけのレシピ例

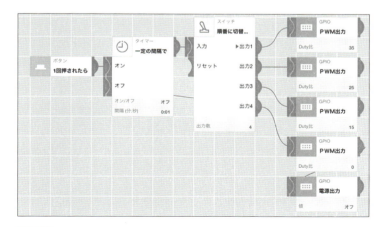

図4.23 なめらかにスピードダウンして停車するしかけのレシピ例

CHAPTER 4

5 理科の実験に挑戦しよう！

≫ 光電池でコンデンサに蓄電して
鉄道玩具（がんぐ）の走行距離を測定してみよう

鉄道玩具の動力車を用意し、ボタンを押すと、光電池で蓄電したGPIO用のメーター付きコンデンサをオンにするしかけを作成します。

作品をつくりながら、太陽光による発電とその電気の利用について、理解を深めます。

学ぶこと

1 MESH設定・操作方法

	MESHの動作または条件、値の設定
ボタンブロック	1回押されたら、ON（オン）とOFF（オフ）を切り替える
スイッチ	順番に切替える （出力数は「2」に設定）
LEDブロック	点灯する （「青色」で出発、「赤色」で停止に設定）
GPIOブロック	デジタル出力1（DOUT1）で値を「High（ハイ）」にするとON、「Low（ロー）」にするとOFF

134

2 **プログラミング的観点**

≫ GPIO用のメーター付きコンデンサで電気のオンとオフを制御する

≫ 光電池でなるべく短い時間で電気を蓄える工夫をする

≫ 蓄えた電気でなるべく長い距離を走行する工夫をする

　本節では、クリーンエネルギーについて学びましょう。クリーンエネルギーは、太陽光、水力、風力、地熱など、電気や熱をつくるときに、二酸化炭素や窒素化合物などの有害物質を排出しない、または排出量の少ないエネルギー源のことです。

　エネルギー源を効率よく利用するためには、電気をつくる際の工夫と電気を使う際の工夫が必要となります。光電池を使いながら、電気の利用について考えてみましょう。

> **準備するモノ**

- MESH GPIO用メーター付きコンデンサ　EC-Sensor（(株)ヤガミ、図4.44）[1]
- 光電池　SH-30（(株)ヤガミ、図4.45）[2]
- 配線用のワイヤー（2本、1本は片方がワニ口のもの）
- 鉄道玩具（動力車と貨車）、輪ゴム、プラスドライバー

詳しくは以下のURLのインターネットサイト参照。

[1]　http://ec.yagami-inc.co.jp/shop/o/o6250000-R01

[2]　http://ec.yagami-inc.co.jp/shop/o/o5719800-R01

作成手順

1 鉄道玩具の貨車にGPIO用メーター付きコンデンサを積んで、図4.24をみながら、2本の輪ゴムで貨車とコンデンサを固定します。

　GPIOブロックは灰色部分に、10個の点の模様がある面が上側になるように、向きに注意して差し込みます。

図4.24 GPIO用のメーター付きコンデンサ（上）を貨車（下）に輪ゴムで固定

2 光電池をGPIO用メーター付きコンデンサの充電用の端子につないで、コンデンサを充電します（図4.25）。赤色のプラス線はプラス端子に、黒色のマイナス線はマイナス端子につなぎます。また、メーター付きコンデンサの切り替えスイッチは「センサーを使う」（図4.26の右）の側に倒しておきます。

　直射日光だとメーターの針がすばやく動いて、12秒ほどでフル充電となります。フル充電となったら、光電池を充電用の端子から外します（過充電はコンデンサをこわす原因となるので絶対にやめましょう）。

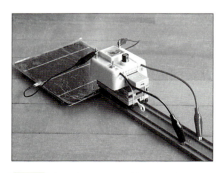

図4.25 光電池のメーター付きコンデンサへの接続

3 　図4.19（131ページ）を参考に、動力車の電池ボックスのマイナス端子を「黒色のワニ口」ではさみ、クリップは横に寝せた状態にしておきます。

　一方、動力車の電池ボックスのプラス端子は金具のすき間などに赤色の配線用ワイヤーの先端を差し込み、外れないようにテープ等で固定しておきます。

　図4.26の左のように、ボディーを取り付け、スイッチの穴などから配線を出すようにします。コンデンサからの赤色のプラス線と電池ボックスのプラス線、コンデンサからの黒色のマイナス線と電池ボックスのマイナス線を接続します。

　配線が床などに接触しないように工夫しましょう。

図4.26　鉄道玩具のメーター付きコンデンサ（(株)ヤガミ）による制御の作例

4 　MESHアプリを設定します。図4.27のレシピをみながら、ボタンブロックを1つ、スイッチを1つ、GPIOブロックを2つ、そしてLEDブロックを2つ配置して、配線しましょう。

　GPIO用メーター付きコンデンサは、GPIOブロックのデジタル出力1（DOUT1）で値を「High」にするとONになります。ついでに、信号機としてLEDを「青色」にしておきます。

　一方、GPIOのデジタル出力1（DOUT1）で値を「Low」にするとOFFになります。こちらは、信号機としてLEDを「赤色」にしておきます。

　さあ、直線レールを長くつなげて、動力車の走行秒数と走行距離を計測してみましょう。図4.26の左に写っているMESH電鉄の動力車は30秒ほどで6mほど走行して停止しました。別の高速タイプの動力車では45秒ほどで8mほど走行しました。では、「出発進行！」

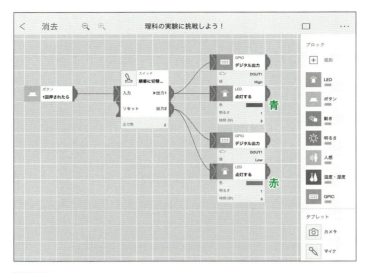

図4.27 「理科の実験に挑戦しよう！」（(株)ヤガミ製使用）のレシピ

チャレンジしてみよう

◆光電池に直射日光を当てる角度を変えると、フル充電までにかかる秒数がどのように変化するか計測して、次の表の空欄（くうらん）を埋（う）めてみよう。

直射日光の角度とフル充電までの秒数の関係

角度	90	80	70	60	50	40	30	20	10	0
秒数										

◆お手もちの鉄道玩具の車両をさらにつなげて両数を増やしていくと、フル充電での走行秒数と走行距離がどのように変化するかも計測して、次の表の空欄を埋めてみよう。

鉄道玩具の両数と走行秒数および走行距離の関係

車両両数	1	2	3	4	5	6	7	8	9	10	11	12
走行秒数												
走行距離												

ヒント： ここで、「1両」は、コンデンサを自分の手でもって宙に浮かせ、動力車のみで走行する状態を想定しています。

◆理科の実験で大切なことは、複数を比較して共通点と相違点を明らかにすることです。本節で紹介した「(株)ヤガミのメーター付きコンデンサ」と、Chapter 2 の⑥（60ページ）で紹介した「(株)島津理化のデジタルメーター付きコンデンサ蓄電実験器」や、「(株)内田洋行のデジタル蓄電実験器」を調べて、次の表の空欄を埋めて比較してみよう。

メーター付きコンデンサの比較[1]

比較項目	(株)島津理化製	(株)内田洋行製	(株)ヤガミ製
型番	IO-22	DP-MとDC-D	EC-Sensor
器具の大きさ（横幅×縦幅）(mm)			
器具の重さ (g)			
器具のメーターの表示形式	デジタル表示	デジタル表示	アナログ表示
器具のメーター用の電池	CR2032×1個	CR2032×2個	なし
コンデンサの電圧 (V)			
コンデンサの容量 (F)			
直射日光でのフル充電に要する時間（秒）			
手回し発電機を用いてフル充電に要する回転数（回）			
動力車の電源をON/OFFするGPIOの機能[2]	電源出力	電源出力	デジタル出力1
動力車の速度を制限するGPIOの機能	PWM出力	なし	なし
フル充電での走行時間（秒）			
フル充電での走行距離 (m)			

図4.28　鉄道玩具のデジタルメーター付きコンデンサ蓄電実験器
　　　　((株)島津理化) による制御の作例

*1 (株)島津理化製：https://www.shimadzu-rika.co.jp/kyoiku/it/prg/
　(株)内田洋行製：https://school.uchida.co.jp/programming/
*2 コンデンサーに蓄えた電気を使うためのスイッチを、人の指のかわりに、デジタル信号でON／OFFして鉄道玩具が走っているのであり、GPIOブロックの内部に蓄えた電気で鉄道玩具が走っているわけではないことをしっかりと理解しよう。

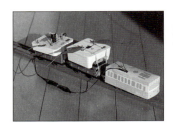

図4.29 鉄道玩具のデジタル蓄電実験機（（株）内田洋行）による制御の作例

ヒント：（株）島津理化や（株）内田洋行のメーター付きコンデンサをGPIOブロックで制御する際には「電源出力」を用いることに注意しよう。

　なお、図4.28の左では、配線用ワイヤーは両端がワニ口のものを2本（赤色、黒色）に変更しています。また、図4.29では、貨車を1両追加して、前の貨車にGPIOブロックで制御するプログラムスイッチを、後の貨車にメーター付きコンデンサを積み、コンデンサからのプラス線はプログラムスイッチを介して動力車につなぎ、コンデンサからのマイナス線は直接動力車につないでいます。

　図4.27と図4.30のレシピはほとんど同じですが、違いが2か所あります。見比べて違いを見つけてみよう。

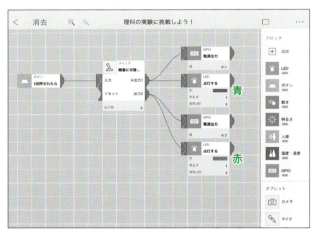

図4.30 「理科の実験に挑戦しよう！」（（株）島津理化製と（株）内田洋行製で使用）のレシピ

◆（株）島津理化のコンデンサ蓄電実験器では、GPIOのPWM出力を変化させると動力車の速度を制限できます。図4.31では、GPIOの「PWM出力」を速度（Ｄｕｔｙ比）「50」に設定しています。

　速度（Duty比）「100」にすると動力車は最大速度で走行し、速度（Duty比）「0」に設定すると動力車は停止します。

　さて、図4.31の速度（Duty比）「50」の部分を順に値を変えて、フル充電での図4.28の鉄道玩具の走行秒数と走行距離がどのように変化するのかを計測して、次の表の空欄を埋めてみよう。

PWM出力の値と鉄道玩具の走行秒数、および走行距離の関係

PWM出力	0	10	20	30	40	50	60	70	80	90	100
走行秒数	0										
走行距離	0										

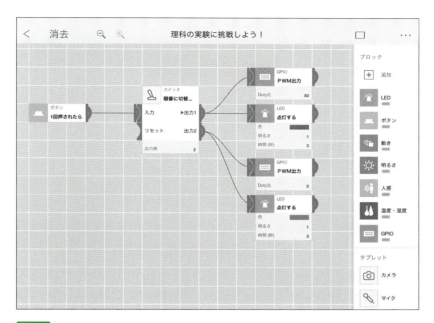

図4.31 動力車の速度を制限する実験用のGPIOブロック（(株)島津理化製使用）の設定

◆〔総合チャレンジ〕光電池でなるべく短い時間で電気を蓄えるためにはどうしたらよいでしょう。また、蓄えた電気でなるべく長い距離を走行するためにはどうしたらよいでしょう。

この節で調べた結果にもとづいて、クリーンエネルギーである太陽光をもっとも効果的に使う方法を、自分なりに工夫して、イラストや文でまとめてみよう。

CHAPTER 4

線路のポイントを切り替えよう!
≫ 鉄道玩具の分岐レールを切り替えるしくみをつくってみよう

鉄道玩具の分岐線路において、ボタンを押すとGPIO用サーボボードを介して線路のポイント切り替えをするしかけを作成します。

作品をつくりながらGPIO用の拡張ボード(サーボボード)の利用方法について理解を深めます。

ボタンスイッチ

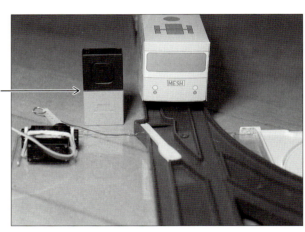

学ぶこと

1 ▶ MESH設定・操作方法

	MESHの動作または条件、値の設定
ボタンブロック	1回押されたら、電源出力をONに設定し、線路の分岐を切り替える。 長押しされたら、電源出力をOFFに設定
スイッチ	順番に切替える (出力数は「2」に設定)
GPIOブロック	電源出力で「ON」と「OFF」を制御 PWM出力で、Duty比は「30」と「70」でサーボモータのアームの角度を制御

* 本節は、筆者が制作し、MESH Recipeのサイトで発表した作品に、少しアレンジを加えて紹介したものです。
  https://recipe.meshprj.com/jp/recipe/3206

2 プログラミング的観点

≫ GPIO用の拡張ボードの1つであるサーボボードで、サーボモータのアームの角度を制御する

≫ あらかじめ設定した内容を、スイッチの「順番に切替える」を活用して、必要なタイミングで操作する

　ここでは、MESH GPIO用サーボボードとサーボモータを用いて、鉄道玩具の分岐線路をMESHで切り替えてみましょう。ところで、皆さんは、サーボって何か知っていますか？「はーい、ズル休みすること！」「そうそう、このモータはすぐにサボるから注意しないとね」って、違います。サーボはservo mechanismの略称で、物体の位置、方位、姿勢などを数値で制御するしくみのことです。このような制御をするための駆動装置のことをサーボモータとよびます。

　ここでは、ボタンを押すごとに、GPIOブロックにつないだサーボボードを制御し、サーボモータのアームの角度を変化させ、鉄道玩具の線路のポイント切り替えを行うしかけを作成します。MESH GPIO用サーボボードは、PWM出力で0〜100の間の数値を指定することで、その数値に応じた角度にサーボモータのアームを制御することが可能です。

> **準備するモノ**

- MESH GPIO用サーボボード（(株)スイッチサイエンス、図4.32）*
- 鉄道玩具の分岐線路
- サーボモータ（SG90）
- 電池
- ゼムクリップ
- 精密プラスドライバー
- ドリル（刃が3mmのもの）
- 電池ボックス
- 輪ゴム
- CDケース
- ラジオペンチ
- カッター

図4.32 GPIO用のサーボボード（端子は右からVM、GND、SIG、VM、GND）

---

* 詳しくは以下のURLのインターネットサイト参照。
https://www.switch-science.com/catalog/3439/

> **作成手順**

1 図4.33の左のように配線を行います。電力は「電池ボックス→サーボボード→サーボモータ」の順で供給されます。サーボボードのVM端子に電池ボックスのプラス線（赤）を、GND端子にマイナス線（黒）をそれぞれつなぎます。サーボボードの端子に銅線を差し込んで、上部のねじを精密ドライバーで回して固定します。そして、サーボモータの3本の線をサーボボードにつなぎます。SIG端子に信号線（オレンジ色）、VM端子にプラス線（赤色）、GND端子にマイナス線（茶色）がつながるようにします。

　GPIOブロックはアイコンマークのある面が端子側になるように、向きに注意して差し込みます。サーボモータを固定する台座には、薄型CDケース（廃品を利用、図4.33の右）を用い、ドリルで穴を4か所開けて輪ゴムで固定します。

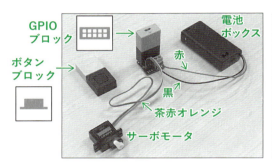

図4.33 GPIO用のサーボボードへ配線用ワイヤーを差し込み、固定する

2 サーボモーターを台座に固定した際、GPIOブロックのPWM出力が中央値の「50」のときにアームが真上を向くように調整します。図4.34のように、ボタンブロックを2つ、GPIOブロックを3つ配置して、配線を行います。

　ボタンブロックのボタンを押したときに、PWM出力が50になり、サーボモータのアームがうまく真上を向くように調整します。

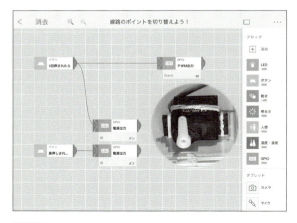

図4.34 GPIO用のサーボボードへのアームの取り付け

3 GPIOブロックのPWM出力がボタンを押すごとに「30」と「70」で交互に切り替わるように、スイッチを用います。図4.35のように、スイッチを1つ、GPIOブロックを1つ追加して、配線を調整してみましょう。ここで、**2**で設定したPWM出力は「50」から「30」に変更し、新たに追加したPWM出力は「70」に設定し、この2つをスイッチにつなげて動作を確認します。

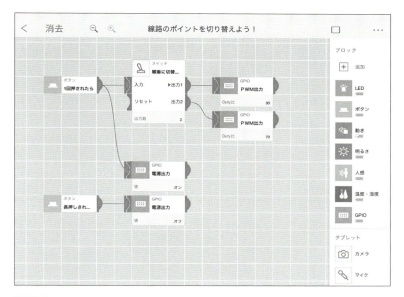

図4.35　「線路のポイントを切り替えよう！」のレシピ

4 ゼムクリップをペンチで図4.36のように加工した金具を用いて、分岐線路のポイントとサーボモータのアームとをつなぎます。金具の左端をポイントに下側からひっかけて、ペンチでさらに少し曲げてつなぎます。

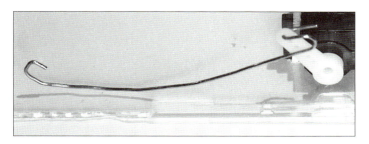

図4.36　サーボモータのアームと分岐線路をつなぐ金具の例

5 CDケース側面の囲いを少しカットして、線路をはめて固定して完成です。図4.37のように、スイッチを切り替えてもサーボモータと分岐線路の距離が動いて変わってしまわないように固定することが重要です。

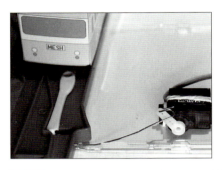 

図4.37 CDケースを用いてサーボモータと分岐線路の距離を固定する

チャレンジしてみよう

　鉄道玩具の3分岐レールも制御してみよう。複数の分岐レールや動力車を制御して鉄道玩具の自動運転を実現してみよう。

Memo

CHAPTER 4

7 鉄道の遅延情報を調べよう！

≫ インターネットの運行情報を調べるしくみを
つくってみよう

鉄道の遅延情報をインターネットから取得し、ボタンを押すと指定した路線に遅延があるかどうかを調べてLEDの色で遅延の有無を表示するしかけを作成します。作品をつくりながらSDK（Software Development Kit）の利用方法について理解を深めます。

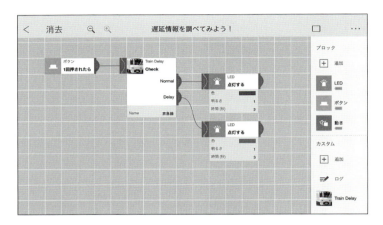

学ぶこと

1 MESH設定・操作方法

	MESHの動作または条件、値の設定
ボタンブロック	1回押されたら
Train Delay（カスタム）	遅延がなければ「Normal」 遅延があれば「Delay」
LEDブロック	点灯する （遅延がなければ「青色」、遅延があれば「赤色」）

---

* 本節は、筆者が制作し、MESH Recipeのサイトで発表した作品に、少しアレンジを加えて紹介したものです。
https://recipe.meshprj.com/jp/recipe/3093

148

2 **プログラミング的観点**

≫ SDKでプログラムを作成し、MESHアプリにダウンロードして活用する。

≫ インターネット上のJSON（JavaScript Object Notation）形式の情報をMESH
SDKのajax関数で取得する。

≫ 変数、すなわち値を入れたり出したりすることができる「情報を覚えておく箱」
を作成する。

≫ 配列、すなわち「変数を複数個並べて管理するしくみ」を理解し、すべての情
報を調べる方法（forEach）を活用する。

≫ 条件分岐、すなわち「情報を仕分けするしくみ」を理解し、自分が探している
情報かどうかを判定する方法（if）を活用する。

　では、MESH SDKに挑戦してみましょう。ところで、皆さんは、SDKって何か知ってい
ますか？「はーい、部屋の間取り！」「そうそう、外廊下と、ダイニングとキッチンがあっ
てね」って、違います。SDK は Software Development Kit の略語で、ソフトウェアをつ
くるための道具箱のことです。MESHアプリでは、ボタンブロック、動きブロック、LED
ブロックなどのほかに、カメラ、マイク、スピーカーといったデバイスや、タイマー、ス
イッチ、カウンターといったロジックを使うことができます。そして、MESH SDKを使う
と、なんと、オリジナルのロジックをつくることができます。

　さらに、インターネットを介して好きなWebサーバーから情報をもってきて、その内容
によって動作が変わる条件分岐もつくることができるのです。

　ここでは、電車の遅延情報を知るために、ボタンを押すと指定した路線に遅延があるか
どうかを調べて、平常どおりならLEDが青色に、遅延があれば赤色に光るようなしかけを
つくってみましょう。

> 準備するモノ

- SDK：https://meshprj.com/sdk-jp/
- SDKを作成するPC（パソコン。Webブラウザを使用する）、メールアドレス
- 参照情報：https://rti-giken.jp/fhc/api/train_tetsudo/

> 作成手順

1 まずは準備です。

MESH SDKのインターネットサイト（https://meshprj.com/sdk-jp/）にPCのWebブラウザ（Google Chrome、Microsoft Edgeなど）からアクセスし、図4.38のような画面が表示されたら、「MESH SDKを使う」をクリックします。はじめてアクセスするときは、「Create New Account」をクリックしてMESHのアカウントを作成しましょう。

ライセンス条項への同意が必要ですので、未成年者は教員や保護者の監督のもとで使用しましょう。アカウントができたら、サインインしましょう。

図4.38 MESH SDKのインターネットサイト

2 図4.39の左のような画面が表示されたら、「Create New Block」をクリックして制作を始めましょう。

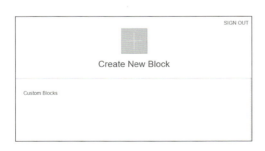 

図4.39 MESH SDKの制作開始の画面

3 次に、図4.39の右の、「New Block」の部分に内容を的確に表すような名前を入力しましょう。ここでは、電車の遅延情報なので「Train Delay」としておきます。

また、内容を的確に表すようなアイコン画像（96×96ピクセル）があれば、「Browse Image」ボタンを押してその画像ファイル読み込んでおきます。ここでは図4.40の右の、電車の画像をPCから読み込んでいます。* なければ、もとのままで大丈夫です。

次に、「Input Custom Block Description」の入力欄に説明、ここでは「This is a software block that provides information about train delay.（「電車の遅延情報を知らせるソフトウェアブロック」という意味）」とでも入れておきましょう。

そして、「New Function」のところは、「Check」と入れておきましょう。図4.40の左の上側はこれらを入力した状態の画面です。

図4.40　名称、説明、アイコンの設定画面と、アイコン用のサンプル画像

＊　この写真は筆者が個人的に撮影したイエロー・ハッピー・トレインのもので、画像をトリミング、サイズを小さくし、画像ファイルとして保存したものを用いています。

4 Checkの横の三角マークを展開すると図4.40の左下のようになるので、ここで「Connector」と「Property」を設定しましょう。

　Connectorには、入力（Input）と出力（Output）があります。ここでは、1つの入力があると、遅延情報を調べて平常どおり（Normal）か遅延（Delay）かを判断して、どちらかから出力するようにするため、「Input Connector」の横の「+」を1回、「Output Connector」の横の「+」を2回クリックします。そして、「Output label」の1つ目は「Normal」、2つ目は「Delay」と入れておきましょう。

　Propertyに、チェックする路線を入れられるようにするため、「+ Add New Property」を押し、「New Property」には「Name」、左横の三角記号を押すと表示される「Reference Name」には「name」（すべて小文字）、「Default Value」には自分がよく利用する路線名、たとえば「京急線」を入れておきましょう。

　図4.41の左はこれらを入力した状態の画面です。

　最後に画面上部にある「Save*」（図4.40参照）を押して、作成した内容を保存しておきましょう。保存すると「Save」になります。ブラウザがフリーズしてせっかくつくった内容が消えてしまうと悲しいので、まめに保存するようにしましょう。

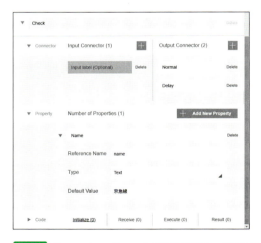

図4.41　Connector、Propertyの設定画面と、MESHアプリでの表示例

5 これでプログラムの外見は完成です。プログラムをつくるときは、「外見を先につくれ」が原則ですから覚えておきましょう。

　外見ができたら、次は動作を記述していきます。「Code」の横の三角記号を押し、JavaScriptというプログラミング言語を用いて、図4.41の下側のような初期化（Initialize）、受けとり（Receive）、実行（Execute）、結果（Result）の4つの部分のうち、必要なところを記述していきます。少し難しそうに感じられるかもしれませんが、一歩踏み出してみましょう。

　一番重要な部分はExecuteの中に記述します。インターネットのWebサーバから情報を取得して、指定された路線に遅延があるかどうかの判定はここに書きます。そして、Connectorが複数ある場合、Input Connector関連の処理はReceiveに、Output Connector関連の処理はResultに記述します。いま、Inputは1つ、Outputは2つで出力先が2つありますから、Resultにどちらかの出力先を選ぶ処理を書きます。また、プログラム全体の初期化はInitializeに記述します。今回の遅延情報をチェックするプログラムでは、ExecuteとResultに書けば十分です。

　ではまず、図4.42のように、Resultに書いてみましょう。returnではResultから戻ってきた値（戻り値）をシステムに送りますが、resultTypeがcontinueは「次の処理を開始してよい」、stopは「処理をここで終了」、pauseは「処理を一時停止（必要に応じて後で再開）」となります。また、indexesは、出力するコネクタの番号を指定します。

　ここで、注意が必要なのは、番号が0から始まっていることです。つまり、「Normal」が「0番コネクタ」、「Delay」が「1番コネクタ」となっています。したがって、[0]と書くとNormalのみ、[1]と書くとDelayのみ、[0,1]と書くと両方から出力されるようになります。すなわち、[0]で実際に動かすと、「Normalからしか出力されない」ということになります。

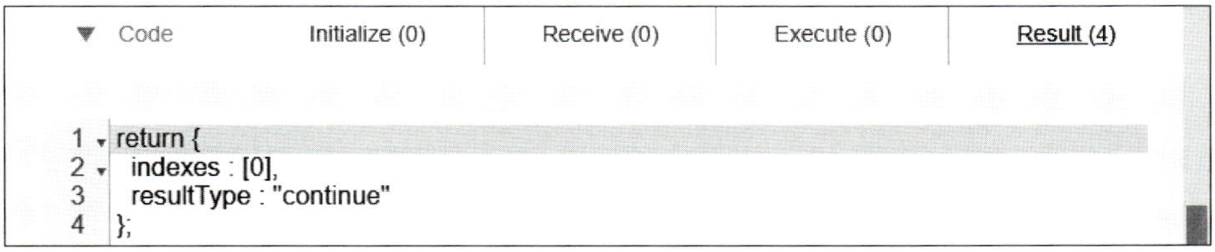

```
▼ Code        Initialize (0)    Receive (0)    Execute (0)    Result (4)

1 ▼ return {
2 ▼   indexes : [0],
3     resultType : "continue"
4 };
```

図4.42 Result Codeの記述

6　ここでいったん動作確認してみましょう。「Save*」で保存した後、図4.43の左のように、MESHアプリの右上の「…」をタップして、「アカウント」を選び、先ほど作成したMESHアカウントを選択します。

　次に、新しいレシピを開いて「カスタム」の「＋追加」をタップして、「Train Delay（トレインディレイ）」を追加しましょう。そして、図4.43の右のように、ボタンブロック、LEDブロックをつなげます。さて、ボタンを押すとLEDが青色になることを確認しましょう。

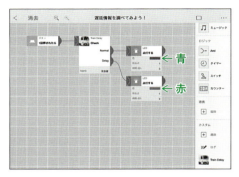

図4.43 Train Delayの読み込みと配線

7　ここで、Resultの`indexes:[0]`を`indexes:[1]`に書きかえてみましょう。「Save*」で保存した後、MESHアプリの右下の「Train Delay」をタップします。図4.44のように「アップデートを確認する」「アップデート」の順でタップして、プログラムを更新します。いま、Outputが`[1]`なので、Delayから出力され、LEDブロックが赤色に光ることが確認できるはずです。

図4.44 Train Delayのアップデート

154

8 あとは、6 7 でみたように、「[0]か[1]かの部分が遅延があるかどうか」によって変化するようにすれば終わりです。そこで登場するのが「変数」、すなわち「情報を覚えておく箱」です。これには、好きな名前を付けることができます。この箱の中に情報を入れることを「代入」とよびます。

例えば、outputIndexという名前の変数に0を代入するときは、outputIndex=0;と記述します。注意してほしいのは、=（イコール）は等しいという意味ではなく、「右のものを左の変数に代入しなさい」という意味であることです。そして、「;」（セミコロン）は命令の区切りで、文章を書くときの「。」（句点）のようなものですから、忘れないようにします。

さて、このように定義した変数を使うときには、変数名を用いて、たとえば[outputIndex]のように記述します。変数に0が入っていれば[0]、変数に1が入っていれば[1]となります。

箱の中には、さらに複数の小さな箱を入れることもできます。たとえば、runtimeValuesという箱の中にoutputIndexを入れることもできます。その場合、「.」（ピリオド）で区切ってindexes:[runtimeValues.outputIndex]のように記述します。なお、runtimeValuesという名称はExecuteからResultに値をわたすときに利用する決まりになっています。

ここで、図4.45のように、先ほど、indexes:[1]と記した部分を書き直し、「Save*」で保存しておきましょう。

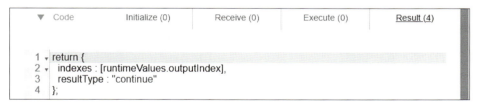

図4.45 Result Codeの修正

9 次に、Executeに書いてみましょう。

その前に、プログラムの原則を3つ覚えておきましょう。

> ① プログラムは上から下へ実行される。上にある行が先に実行されて、下の行は後で実行される（あたりまえのように思いますが、これをきちんと意識しておかないとわけがわからなくなります）。
> ② 同じ行内ではプログラムは右から左へ実行される（文章は左から右に書きますが、実行は右側が先なのです）。
> ③ かっこがある場合はより内側が先に実行され、処理結果がより外側に順にわたされる。

図4.46の例では、まずajax（エイジャックス）というWebサーバーから情報を取得する処理を実行し、次にreturnの戻り値としてpause、すなわち「処理を一時停止（必要に応じてあとで再開）」をシステムに送ります。なぜ一時停止するのか疑問に思うかもしれませんが、Webサーバーとの通信には時間がかかるため、通信が正常に完了するまで一時停止して、処理が終了したら後ほど、あらためてcontinueをシステムに送り直し、続きのResultの処理をするためです。

なお、//（スラッシュ2つ）から改行まではコメントとよばれ、実行時には影響しません。ここに、メモが書けることを覚えておきましょう。

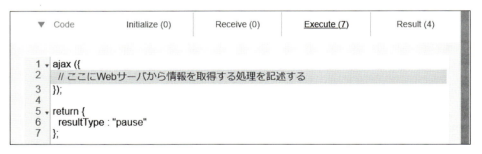

図4.46 Execute Codeの概要の記述

10 では、図4.47のように、ajaxの中をもう少し書いてみましょう。まず、urlは、Uniform Resource Locator（ユニフォーム リソース ロケーター）の略称で、ここでは電車の遅延情報が格納してあるインターネット上の住所のようなものを指定しています。

typeは、サーバーとの通信の方法でgetを指定します。timeoutは通信の待ち時間をミリ秒（1,000分の1秒）単位で指定します。たとえば、5,000ミリ秒ということは、5秒経ったら通信を中断することになります。これは、サーバーが止まっていたり、通信回線が混んでいたりするときに、ソフトが動かなくなることを防ぐためです。そして、successは通信が成功したときに、jsonという変数名でデータをセットして、そのデータを処理するイベントハンドラ（システムからコールバックされる関数）を指定します。

```
▼ Code        Initialize (0)    Receive (0)    Execute (12)    Result (4)

 1 ▼ ajax ({
 2     url : "https://rti-giken.jp/fhc/api/train_tetsudo/delay.json",
 3     type : "get",
 4     timeout : 5000,
 5 ▼  success : function(json) {
 6       // ここに取得した情報を処理する記述をする
 7     }
 8   });
 9
10 ▼ return {
11     resultType : "pause"
12   };
```

図4.47 Execute Codeのサーバーとの通信設定の記述

11 ここで、サーバーから戻ってくるデータがどのような形式になっているのかをみてみましょう。Webブラウザで新しいタブを開いて、URLの欄に

　　`https://rti-giken.jp/fhc/api/train_tetsudo/delay.json`

と入力してリターンキーやエンターキーを押してみてください。「呪文みたいなのが出てきた！」とびっくりするかもしれませんが、1行で表示されているものを見やすく整形すると図4.48の形式になっています（実際にはもう少し情報があります）。

　すなわち、[0番目, 1番目]の形式で「, 」（カンマ）で区切って遅延のある路線が列挙されています。これを「配列」とよびます。ここで、番号が「0番目から始まっている」ことに注意しましょう。

　そして、それぞれの中には"name"と"company"があり、路線名と鉄道会社名が格納されています。

```
 1 ▼ [
 2 ▼   {
 3       "name": "○○線",
 4       "company": "□□鉄道"
 5     },
 6 ▼   {
 7       "name": "△△線",
 8       "company": "◇◇急行"
 9     }
10   ]
```

図4.48 サーバーから戻ってくるデータの形式

12 さて、図4.49のように、successの関数を記述していきましょう。jsonという変数名でこの配列データが入っていますので、forEachでデータを１つずつチェックしていきましょう。まず、6行目でisDelayという変数に０を代入して「Normal」に初期化しておきます。次に、forEachでデータをチェックして、該当する情報があれば１を代入して「Delay」にするという方針です。よって、１つも該当しなければ０のままということになります。そして、10行目のcallbackSuccessでruntimeValues.outputIndexにisDelayの値をセットし、先ほど一時停止した処理をcontinueに変更し、続きのResultの処理が実行されるようにします。

```
 ▼  Code          Initialize (0)      Receive (0)      Execute (21)      Result (4)

 1 ▼ ajax ({
 2    url : "https://rti-giken.jp/fhc/api/train_tetsudo/delay.json",
 3    type : "get",
 4    timeout : 5000,
 5 ▼  success : function(json) {
 6     var isDelay = 0; // Normal
 7 ▼   json.forEach( function(delay) {
 8       // ここで各データが該当するかどうか判定する処理を記述する
 9     });
10 ▼   callbackSuccess ({
11       resultType : "continue",
12 ▼     runtimeValues : {
13         outputIndex : isDelay
14       }
15     });
16    }
17 });
18
19 ▼ return {
20    resultType : "pause"
21 };
```

図4.49 Execute Codeの取得した情報を処理する記述

13 最後に、図4.50のように、判定する部分を書けば完成です。forEachで配列のデータが順に１つずつdelay変数にセットされますから、delay（ディレイ）.name（ネーム）に「〇〇線」や「△△線」という路線名が入ってきます。一方、調べたい路線名はproperties（プロパティーズ）.name（ネーム）に入るように上記の手順**4**で設定しました。

そこで、条件分岐のif（イフ）を用いて、両者が等しい場合に、isDelayに１を代入するようにします。155ページで、＝（イコール）は等しいという意味ではないと述べましたが、ここでは、＝＝（イコールが２つ）になっています。これは「２つ並べると等しい」という意味です。では、「Save*」で保存し、MESHアプリでアップデートしましょう。

▼ Code　Initialize (0)　Receive (0)　Execute (23)　Result (4)

```
ajax ({
  url : "https://rti-giken.jp/fhc/api/train_tetsudo/delay.json",
  type : "get",
  timeout : 5000,
  success : function(json) {
    var isDelay = 0; // Normal
    json.forEach( function(delay) {
      if (delay.name == properties.name){
        isDelay = 1; // Delay
      }
    });
    callbackSuccess ({
      resultType : "continue",
      runtimeValues : {
        outputIndex : isDelay
      }
    });
  }
});

return {
  resultType : "pause"
};
```

図4.50 Execute Codeの各取得データが該当するかどうかを判定する記述

14 図4.51のように利用路線を設定し、遅延の有無を調べます。ここで、LEDが青色に点灯した場合、本当に正しく動作しているのか確認したいときには、先ほどWebブラウザで表示したjsonデータに載っている路線で「Delay」と判定されるか確認します。

　また、`https://rti-giken.jp/fhc/api/train_tetsudo/`をWebブラウザで表示すると過去に遅延情報があった路線一覧が表示されています。路線名の表記にはバラツキがあるようですので、自分の調べたい路線の名称をここで確認しておきましょう。

図4.51　Train Delayの路線名の設定

チャレンジしてみよう

自分が通学や通勤で利用している路線のコンシェルジュ（案内人）をつくってみよう。

Memo

プログラミング教育の現場から　4

> ジャンプ

継続した学びからの成長物語──教室から生活の中へ！

　東京・高田馬場にある小さな教室で、小学生の少人数クラスでのプログラミング教室が開かれています。ここには、週1回のペースで継続的にプログラミングを学ぶ子どもたちが集まってきます。子どもたちはすでにやることがわかっているのか、慣れた様子で自主的に道具箱を広げ準備を始めています。

　子どもたちは目の前にある工作の道具類を使って、自由に自分たちのつくりたいものを探索しています。ある男の子はロボットをつくろうとしています。ある女の子はネコの住むお庭を描いています。先生も「カワイイのをつくろうね」「もっとカッコよくしようよ」とプログラミングというよりも創作意欲を刺激します。継続的に学習しているためか、すでに創作意欲や表現欲求が身についている子どもたちのようで、どんどん手が動いていきます。

　子どもたちは単にモノをつくっているというよりも、作品に対して物語の世界をつくっているようです。単にネコの造形を工作するのではなく、このネコが「どんな性格」で「どんな家」に住み、「どんな動き」をするのかを描いているのです。そしてその物語の中でのネコの動きや環境の変化などをプログラミングを通じて実現しようとしています。

　この教室では、個々人の表現欲求を大切にするため、個人ごとにモノづくりに取り組ませています。

　作品づくりの現場だけをみていると、1日の体験ワークショップと似ているようにみえるかもしれません。しかしながら、継続的に教室を続けてきた中で、2つの側面での進化があったそうです。1つはプログラミング教室の教え方の背景となるポリシーの進化（深化）、もう1つはもちろん子どもたち自身の進化（成長）です。

　当初この教室は、体系立って順序よくプログラミングを教えようと企画されていたそうです。しかしながら、いざ教室を開いてみると、「きちんとしたカリキュラムを立ててそれを教えるというやり方はそぐわないのでは？」という疑問が生じてきました。その結果、プログラミングを教える教師ではなく、子どもには好きなことをやらせ、子どものもつ潜在能力を引き出すメンターに徹するやり方のほうがよいと軌道修正していったそうです。

　この場合、教える側に非常に柔軟な対応力が求められます。例えば、今日は乱数を学んでほしいと計画したとしましょう。通常は「ランダムに降る雨をボードのLEDに表示させなさい」という明確な課題を与え、その課題をクリアさせるというやり方が一般的でしょう。これに対し、ここでは、あくまでも子どもが何をつくりたいかを優先し、その中で適切に「乱数」を学べるかを問います。ある女の子はランダムに色を変えるアジサイを表現したいと提案してきたそうです。このように、ランダムに変化するものとしてアジサイを発

想する力が重要なのです。この子どものもつポテンシャルを尊重しながら学びを達成させるのが、周辺にいる大人の役割なのです。

また、プログラミング教室を通じてジェネリックスキル、例えば共同プログラミングを通じて、協同的な活動ができるようになる、ということも当初は考えられました。しかしながら、実際に始めてみると、子どもたちはそれぞれ個別につくりたいものがあり、協同活動が難しかったそうです。そこで、協調性を育むことよりも、個々人の個性を伸ばすことのほうを優先した授業設計となっていました。

そうはいっても黙々と作品づくりに打ち込んでいるわけでもありません。子どもたちは互いの作品づくりを気にかけつつ、会話をしながら手作業を進めています。ある日、こんなことがありました。ある女の子がネコのお庭をつくっていたとき、隣でロボットを作成していた男の子が自分の作業を中断し、道具箱の中から芝生として使えそうな素材を女の子に手渡し「これ使ったら」とネコの世界の物語に関与しようとしたのです。

芝生は受け取ってくれたものの使ってはもらえませんでした。残念！でも、微笑ましいやり取りですね。

そして、忘れてはならないのは、子どもたちの進化です。Chapter 2 のコラムで紹介したワークショップのように、素材との対話を通じて発想力が出てくることも素晴らしいのですが、一方で、この教室で継続的に学ぶ子どもたちは、すでに内発的な表現欲求が育ってきているようです。自分自身の内側に表現したい物語があり、それが自身の自己表現としてプログラミングを通じて物語として表出しているのです。

この子どもたちは、プログラミングというのが、単に「モノ」をつくるのではなく「コト」や「物語」を表現できる手段である、ということを、教室での継続的学習を通じて体得しているようにみえます。

もちろんそれを自覚的に行っているわけではないでしょう。しかし、大人の世界で「モノ」から「コト」へのシフトがいわれる中、驚くほど自然に物語を語る子どもたちの創造力は素晴らしいと思いますし、その力をここでの学習が引き出しているのではないかと感じます。

またこの教室では、毎回制作した作品の履歴をファイリングしたり、作品づくりに飽きたときのタイピングゲームの点数などを蓄積し、成長の過程をポートフォリオとして可視化しているそうです。このような成長の証が、自己効力感につながり、自信を深めていくのかもしれません。

この教室は、一見すると、楽しく工作を学ぶ教室に見えてしまいがちです。これで本当に子どもたちはプログラミングを学べているのかと疑問をもたれるかもしれません。しかし、この教室では、プログラミングは作品や物語を構成する一要素と考えています。むしろ、そのことが重要なのです。プログラミングは目的ではなく手段です。「何をつくりたいのか」「何を描きたいのか」がないまま、手段であるプログラミングスキルだけ身につけても意味がないのかもしれません。

実際には、この教室の子どもたちは「プログラミングを学んでいる」という自覚をきちんともっているようです。近年、プログラミング教室の数も増え、プログラミングを学んでいる子どもたちの数も増加しています。このため、最近の子どもたちはどんなプログラミング教室に通い、自分たちがそこで何を学んでいるか、互いに情報交換しているそうです。

適度な競争心をもつことは悪くないですし、何よりも、他者に自分自身の学びを説明できるのは素晴らしいですね。

CHAPTER 4

COLUMN ── 継続した学びからの成長物語──教室から生活の中へ！

163

プログラミングを学んだ経験は、単にプログラミングの知識を得るだけに止まりません。この教室に通う生徒の親御さんからは、最近、子どもが家庭の中で生じる問題に関して「こうしたほうがいいんじゃない？」と提案してくるようになったといい、子どもの成長に驚いているという声を聞きました。この教室に通う前は、なかった行動だそうです。

　もちろん、これをプログラミング学習の成果だといい切ることはできませんが、プログラミング学習の経験も大きく影響しているものと考えられます。プログラミング学習を通じて、直面する状況を正しく捉え、解決可能な問題に分解し、解決のための手続きを組み立てるというプログラミング的思考力（プログラミングスキルではありません！）が身についてきているということの証左ではないでしょうか。

　このような思考力は、ワンショット的な学習では、簡単に身につきません。継続的に学んだからこそ、身についた能力といえるでしょう。

　子どもに論理的思考力を身につけさせるためにプログラミングを学ばせたいと考える教員、保護者は多いかもしれません。しかしながら、リアルな問題状況から切り離されたクラスルームだけでプログラミング技術を学んでも、論理的思考はなかなか身につかないのではないでしょうか。ここでみたように、工作という豊かな遊びや具体的な物語といった文脈のもとで継続して考えることを通して、問題解決能力や論理的な思考力が徐々に形成されていくようです。

　さらに、このような文脈に根差した学びは、クラスルームの中に閉じることなく、日常生活や社会とのかかわり合いの中での問題解決までに拡張される学びとなっていくようです。

　そもそも教育現場は、大人側が設計したプログラムを押し付けるものではなく、子どもたちから学ぶことも非常に多いのです。したがって、試行錯誤を繰り返しながら、いかに子どもたちの実情に即したスタイルを子どもたちとともにつくり上げていけるのかがプログラミング教育でも重要だと感じます。

　このような形で臨機応変に子どもたちの実情に対応しつつ、常に子どもたちと共進化していっている教育現場でした。

Chapter **5**

MESHでデザインしよう

1 猛犬注意！
もうけん
怒らせるとほえながら向かってくる猛犬をつくってみよう

2 コーディネート提案アプリ
LINEと連携した簡易コーディネート提案アプリをつくってみよう

3 薬の飲みまちがいと飲み忘れを防止しよう！
薬を入れるとタイマーが起動するしくみをつくってみよう

4 あなたを彩る夢空間！ 今日から私も舞台俳優！
動きに合わせて色が変わるライティングをしてみよう

5 今日の風に吹かれましょう！
インターネットの天気情報を調べるしくみをつくってみよう

CHAPTER 5

1 猛犬注意！
≫ 怒らせるとほえながら向かってくる猛犬を
つくってみよう

　ホネをとったり、大きな音を立てたりすると、ほえながら向かってくる猛犬をつくってみましょう。これには、ホネをとる／返すなどの「イベント」や、猛犬が速いスピードで前進する／ゆっくりと停止するなどの「アクション」を、MESHブロックを使って具体的にどのように実現すればよいのかを考えます。

　また、試作品を身近な人に使ってもらい、その人がどのような行動をとるのか、どのような条件を設定すれば満足度を上げられるのか、使用する側の立場になって考えるということも練習してみましょう。

学ぶこと

1 ▶ **MESH設定・操作方法**

	MESHの動作または条件、値の設定
GPIOブロック	電源出力をON／OFFにする デジタル出力、PWM出力
明るさブロック	ふさぐものが無くなったら、ふさがれたら
マイク	音を感知したら
ボタンブロック	2連続で押されたら
動きブロック	振られたら
カウンター	カウント
タイマー	待つ

2 ▶ **プログラミング的観点**

状況・条件	アクション
①ホネをとられた	（a）速いスピードで前進する（怒って向かってくる）
②起こされた	
③ホネを返してもらえた	（b）ゆっくりと停止する（怒りが収まる）
④ガラガラであやされた	

≫ 猛犬を主人公とした各イベントをMESHの機能で実現する

① ホネをとられた ➡ 明るさブロック：ふさぐものがなくなった
② 起こされた ➡ マイクブロック：指定以上の大きな音を感知した
③ ホネを返してもらえた ➡ 明るさブロック：ふさがれた
④ ガラガラであやされた ➡ 動きブロック：5回振られた

≫ 猛犬を主人公とした各アクションをMESHの機能で実現する

（a）速いスピードで前進する ➡ GPIOブロック：PWMのDuty比は100
（b）ゆっくりと停止する ➡ 2つのGPIOブロックとタイマーを組み合わせる

設定したストーリーの中で起こるイベントやアクションをコンピュータに認識させたり実行させたりするために、MESHブロックを使って具体的にどのようにプログラミングすればいいのかを検討することは大切な作業です。どんなに複雑なイベントやアクションであっても、分解すれば単純な要素の集まりであることに気づきます。

実現したい目標をできるだけ細かな要素（小さな目標）に分解し、1つずつ目標を達成することを目指しましょう。そしてChapter 4までで学んだ内容を振り返り、各ブロックがどのような機能をもっていたのか、どのような特徴があったのかを思い出してみてください。

これらのブロックの使用方法はあくまで1つの例です。ほかのブロックを使ったり、使用する機能を変えたりしたほうがもっと効果的に演出できるかもしれません。よいアイデアが思い浮かんだら一度頭の中でシミュレーションし、問題がなさそうであればさっそくテストしてみましょう。実際に試行することで成功できそうな実感（自信）や新たな気づきが生まれます。

準備するモノ

- MESH GPIOブロック用モータードライバ[*1]
- カバーSWツキ UM 3×2 （(株)オーム電機）[*2]
- 楽しい工作シリーズ（セット）No. 108「タンク工作基本セット」（(株)タミヤ）[*3]
- ピッグテール付きワニ口クリップ（2本）
- ダンボールまたは厚紙（15 cm 四方ぐらい）
- マジックペン、カラーペン
- 両面テープ（6 cmぐらい）
- 精密ドライバー

作成手順

1 まずMESHアプリを起動し、キャンバス上に明るさブロック、GPIOブロック、ボタンブロック、動きブロックの4つが使用できることを確認します。

詳しくは以下のURLのインターネットサイトを参照。
[*1] https://www.switch-science.com/catalog/2400/
[*2] http://www.ohm-electric.co.jp/
[*3] https://www.tamiya.com/japan/products/70108/

2. 次に、図5.1のように猛犬の土台（(株)タミヤ製タンク以下、「タンク」）を組み立てます。GPIOブロックやモータードライバ、電池ボックスを載せられるようにスペースを確保しておきましょう。

図5.1 （株)タミヤ製タンクの組み立て完成図

3. 図5.2に示すように、ピッグテール付きワニ口クリップとGPIOブロック用モータードライバを接続します。また、電池ボックスの赤と黒のケーブルも図5.2のようにモータードライバに接続します。モータードライバの右から1番目にあるVDD端子に電池ボックスの赤線を、右から2番目にあるGND(グランド)端子に黒線をつなぎます。

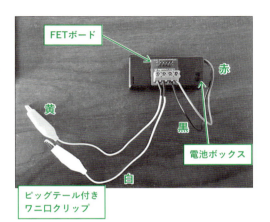

図5.2 FETボードの接続方法

4. モータードライバにGPIOブロックを差し込みます。GPIOブロックの"▶"印（図5.3の矢印箇所）にモータードライバの「1番ピン」（図5.4の矢印箇所）が入るように差し込みます。最終的に図5.5のように接続されていることを確認しましょう。

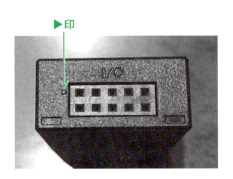

図5.3 GPIOブロック

図5.4 モータードライバ

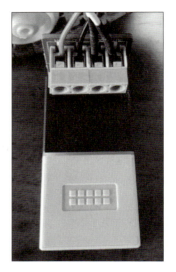

図5.5 モータードライバに接続したGPIOブロック

5 次に、図5.6のように、GPIOブロックとモータードライバ、電池ボックスをタンクの上に載せ、両面テープなどを使って固定します。

図5.6 タンクに載せたFETボードとGPIOブロック

6 ワニ口クリップを使って、モータードライバとDCモーターを図5.7のように接続しましょう。
　後で調整できますのでDCモーターのどちらのピンにクリップをつないでもかまいません。

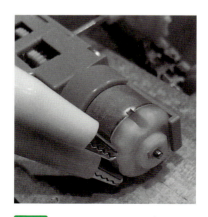

図5.7 モータとワニ口クリップの接続

7 猛犬の顔を描き、段ボールなどの厚い紙に貼り付けましょう。それを図5.8のようにタンクに取り付けます。

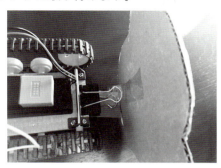 

図5.8 猛犬タンクの完成図

8 レシピを完成させる前に、ここで一度、GPIOブロックの動作確認のために実験を行いましょう。図5.9のように、明るさブロックを使わずに、たとえば、ボタンブロックを使って猛犬が速いスピードで前進するというしくみをつくります。

　猛犬が暴走してしまうことも考え、緊急停止するしくみもボタンブロックの「2連続で押されたら」を使って用意します。こちらのボタンブロックは、緊急停止用の手段として最後までレシピに残しておきます。各GPIOブロックの設定については図5.9のレシピ上にあるGPIOブロックを確認してください。

　ボタンを1回押したときに、もし猛犬が後進してしまった場合は、図5.9の矢印箇所にある「デジタル出力」の値を「High」から「Low」に変更し、信号の向きを逆にしましょう（この方法とは別に、DCモーターのピンに接続している2つのワニ口クリップを組み替えてもモーターの回転方向を逆にすることができます）。意図したとおりに動作するまでくり返し実験を行いましょう。

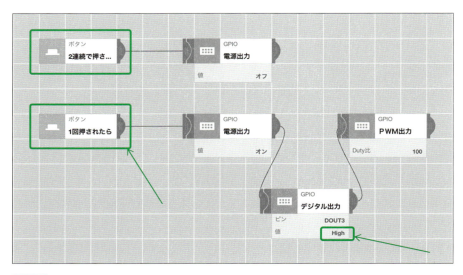

図5.9 実験用レシピ1（猛犬の前進と緊急停止）

9　2つ目の実験として、図5.10のように明るさブロックを段ボールでつくったホネの裏面に上向きで取り付け、ホネをひっくり返して明るさブロックのセンサー部分を台でふさぐようにします。そして、猛犬が速いスピードで前進するための条件を、図5.11のレシピのようにボタンブロックから明るさブロックに変更し、動作確認を行ってみましょう。

　明るさブロックの設定画面において、「ふさぐものが無くなったら」に設定すれば、ホネを台からもち上げたときに明るさブロックが反応し、猛犬が向かってきます。

　猛犬が速いスピードで前進するためのもう1つの条件として、マイクを設定しましょう。指定した大きさ以上の「音を感知したら」マイクが反応し、猛犬が向かってくることを確認しましょう。

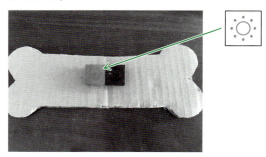

図5.10 ホネに取り付けた明るさブロック

172

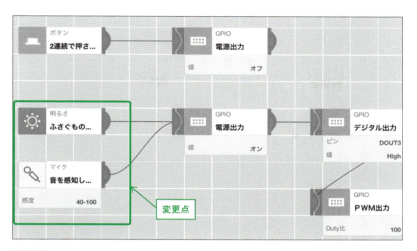

図5.11 実験用レシピ2（猛犬の前進と緊急停止）

10　3つ目の実験として、取り上げたホネを台の上に戻したり、ガラガラを振ってあやしたりすると、猛犬の怒りが収まり、ゆっくりと停止するしくみをつくりましょう。

　図5.12に示すように、ホネに取り付けた明るさブロックの「ふさがれたら」という条件と、ガラガラに取り付けた動きブロックの「振られたら」という条件を設定します。

　ここで動きブロックについてはカウンターと組み合わせ、5回振られないと条件を満たさないように設定します。上記のいずれかの条件を満たした場合、PWM出力のＤｕｔｙ比を「30」に設定し、タイマーによって数秒間待たせた後にDuty比を「0」にすることで、急停止するのではなく、ゆっくりと停止するしくみが実現できます。

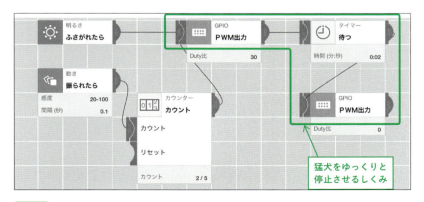

図5.12 実験用レシピ3（猛犬がゆっくりと停止する）

11 最終的に図5.13のようなレシピを完成させます。設定した条件をひととおり試行し、各アクションが意図したとおりに実行されることを確認しましょう。

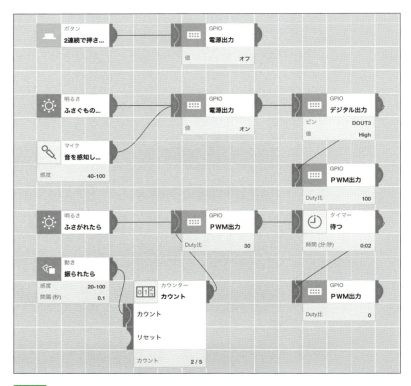

図5.13 「猛犬注意！」のレシピ（完成図）

チャレンジしてみよう

　今回作成した猛犬を主人公にした新たなストーリーを、MESHブロックで制作してみましょう。各イベントとMESHの機能を上手に組み合わせてさまざまなアクションを自動化させてみてください。

Memo

CHAPTER 5

2 コーディネート提案アプリ

≫ LINEと連携した簡易コーディネート
　提案アプリをつくってみよう

　毎日の服装選びに時間がかかる人のために、洋服ダンスを開けるだけで自動的にコーディネートを提案してくれるしくみをMESHブロックでつくりましょう。事前に自分がもっている服やシューズなどの写真を撮影しておき、カテゴリごとにGoogle（グーグル）ドライブやDropbox（ドロップボックス）などのオンラインストレージ*にアップロードしておきます。
　そして、洋服ダンスを開けたことを自動的に感知し、コーディネート用のアイテムの写真を表示させるURLをLINE（ライン）のメッセージとして、スマートフォンなどに送信します。
　しくみはとてもシンプルですが、インターネット上のWebサービスと連携した本格的なIoTプログラミングです。それでは体験してみましょう。

学ぶこと

1 MESH設定・操作方法

	MESHの動作または条件、値の設定
人感ブロック	感知したら
スイッチ	ランダムに切替える
LINE（ライン）	メッセージを送る

---

*　インターネット上でデータを保管できる場所

2 プログラミング的観点

≫ IFTTT：IF This Then That

IFTTTは、あるWebサービスと別のWebサービスを簡単に連携させて、新しいサービスにすることができるしくみです。これによって、GmailやLINE、TwitterやEvernoteなどのWebサービスどうしを連携させることができます。

また、MESHやlittle Bitsなどの通信機能を備えたセンサー機器、Google Home、Amazon AlexaなどのスマートスピーカーともWebサービスを連携させることが可能です。このように複数のWebサービスの機能を連携させて、あたかも1つの新しいサービスのように形づくることを「マッシュアップ」とよびます。

準備するモノ

- Googleのアカウント*1
- LINEのアカウント*2
- 両面テープなど

---

*1　13歳未満の方がGoogleアカウントを作成する場合は、保護者がファミリーリンクを使って作成と管理を行ってください。

*2　18歳未満の場合はID検索や電話番号検索ができないなどの機能制限がありますが、アカウントの作成は可能です。次の作成手順に進む前にLINEアプリをインストールし、ログインしておきましょう。

> **作成手順**

1. まず、Googleドライブのアプリをデバイスにインストールします。
iOS(アイオーエス)の場合は、App Store(アップ ストア)（図5.14）、Androidの場合は、Google Play(グーグル プレイ)から入手してください。

図5.14 Googleドライブ（App Storeの例、矢印の先にある枠内）

Googleドライブを起動すると、図5.15のようなログイン画面が表示されるので、ログインボタンを押しましょう。

図5.15 Googleドライブ起動時の画面

図5.16のように、すでにGoogleのアカウントをもっている場合は、そのアカウントを選択してください。アカウントがない場合は、図5.17の画面で「アカウントを作成」を選びましょう。Googleドライブを開いたら、図5.18の①の「＋」ボタンを押し、次に②の「フォルダ」を選択します。

図5.16　Googleアカウントの選択
　　　　（アカウントをもっている場合）

図5.17　Googleアカウントの作成
　　　　（アカウントをもっていない場合）

図5.18　新規フォルダの作成

フォルダ名を入力しましょう（図5.19）。今回は、「スニーカー」「ボトムス」「アウター」「トップス」の4つのフォルダを作成します。そして、自分がもっている服やシューズの写真をカテゴリーごとにフォルダにアップロードします。

図5.19 新規フォルダの名前を入力

4つのフォルダを作成するとGoogleドライブに図5.20のように表示されます。

図5.20 フォルダ作成例

2 次に、「IFTTT（イフト）」をインストールします（図5.21）。iOSの場合はApp Store、Androidの場合はGoogle Playで検索し、アプリを入手してください。

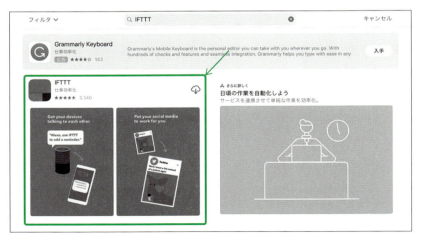

図5.21 IFTTTアプリ（AppStoreの例）

180

IFTTTアプリを起動すると、図5.22のような画面が表示されるので、IFTTTのアカウントをまだもっていない場合は、「sign up」を選択し、アカウントの作成を行ってください。

図5.22 IFTTT起動時の画面

　IFTTTのアカウント作成に成功すると、図5.23のような画面が表示されます。IFTTTのアプリを閉じてMESHアプリを起動しましょう。

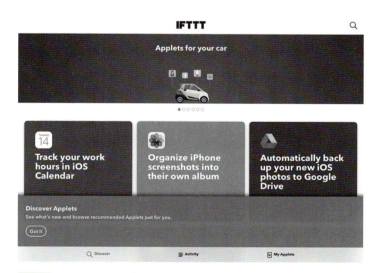

図5.23 IFTTTアカウント作成後に表示される画面の例

3 それではMESHレシピを作成していきます。図5.24に示すように、「連携」の下にある「＋追加」ボタンを押してください。

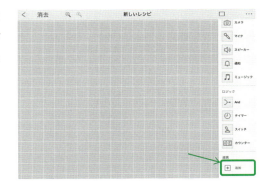

図5.24 連携への追加

「＋追加」のボタンが押されると、図5.25のようなMESHと連携できるサービスの一覧が表示されます。その中から「LINE」を選択します。

図5.25 連携の一覧

図5.26のように「連携」の中にLINEが追加されるので、それをキャンバス上に配置しましょう。

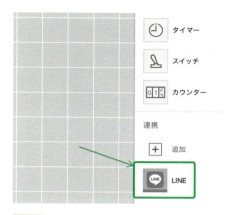

図5.26 LINEの追加

LINEを使う準備をしましょう。まずはボタンブロックをLINEにつなぎ、ボタンが押されたらLINEが反応するようにします（図5.27）。追加したLINEでは、設定したテキストメッセージを送信することができます。

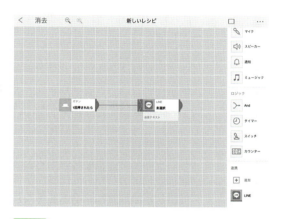

図5.27 ボタンブロックとLINEの接続（ボタンを押す前の状態）

まだ、このままでは、LINEを使うことはできません。試しにボタンを押してみても図5.28のようにLINEの色が薄くなり何も反応しないことがわかります。LINEなどのMESHの「連携」を使用するためには、MESHのアカウントを作成し、サインインしたうえでIFTTTアプレットというサービスを設定する必要があります。

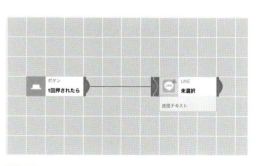

図5.28 LINEを使用できない状態の例

4 それでは、MESHアカウントの作成から始めましょう。図5.29上の①の「…」を押して、次に②の「アカウント」を選びましょう。

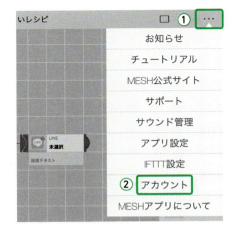

図5.29 MESHアカウントの作成画面の表示方法

図5.30の「アカウント作成」を選んで先に進みましょう。

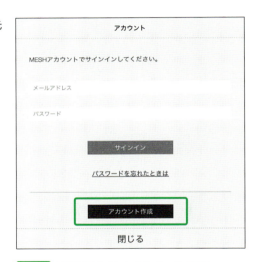

図5.30 MESHアカウントのサインイン画面

　図5.31の「新規登録」ボタンを押して図5.32の画面に移りましょう。①のメールアドレスと②、③のパスワードを入力し、「同意して続ける」を押してください。仮登録が行われ、しばらくするとMESH公式アカウントから①で入力したメールアドレス宛にメールが届きます。メール本文に本登録するためのリンクが貼られているのでリンクをクリックし、本登録を完了させてください。

図5.31 MESHアカウント新規登録選択画面

図5.32 MESHアカウント新規登録画面

そして、アカウントを作成し、サインインに成功すると図5.33のウィンドウが表示されます。

図5.33 MESHアカウントのサインイン成功画面

MESHアカウントにサインインする前は、図5.34のようにLINEの設定画面で、「サインインしていません」と表示されますが、MESHアカウントを作成し、サインインに成功すると図5.35のように、登録したメールアドレスが表示されます。

それでは矢印箇所の「IFTTTアプレット設定」を押して次の作業に移りましょう。

図5.34 MESHアカウント（サインインしていない状態）

図5.35 MESHアカウント（サインインしている状態）

5 図5.36のように、IFTTTの設定画面が表示されたら「Continue >」を選択しましょ
う。
　続いて「Connect MESH >」を選択します（図5.37）。

図5.36 IFTTT設定画面（LINE）その1　　図5.37 IFTTT設定画面（LINE）その2

　図5.38のウィンドウが表示されたらMESHアカウント情報を入力しましょう。①のメールアドレスと②のパスワードを入力したら、「Connect」ボタンを押しましょう。

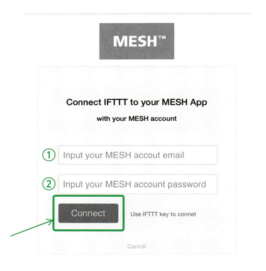

図5.38 IFTTT設定画面（LINE）その3

サインインに成功すると図5.39の画面が表示されます。
　「Configure >」ボタンを押してさらに作業を進めましょう。

図5.39　IFTTTによるMESHとLINEの連携に成功した例

6　いよいよLINEサービスの設定です。「Recipient」（受け取り人）が「1：1でLINE Notifyから通知を受け取る」になっていることを確認して、「Save」ボタンを押しましょう。
　ここではLINEのメッセージをどのグループに送るかを決めることができます。今回は自分自身に送りたいので、図5.40のように設定します。

図5.40　LINEメッセージの受け取り人の設定

　次に、「Save」のボタンを押すと、図5.41のウィンドウが表示されます。一覧の上から2番目「Send a LINE Message using MESH」（「MESHを使ってLINEメッセージを送る」の意味）の右側に緑色のランプが点き、有効になっていることを確認しましょう。ランプが点灯していることを確認できたら、画面の左上の「完了」を押して、LINEブロックの設定画面に戻りましょう。

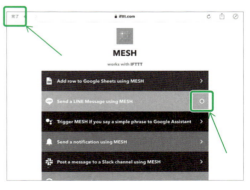

図5.41　MESHとLINEをIFTTTで連携するための作業完了画面

LINEの設定画面に戻ったら、「送信テキスト」のフォームに送りたいメッセージを入力しましょう。たとえば、図5.42のように「これはテストです」と入力します。

図5.42　LINEの設定画面

　念のため、ボタンブロックのボタンを押したときに、このメッセージが本当にLINEアプリに届くかどうかを確かめましょう。図5.43のようにLINEの色が濃くなり、有効になれば先ほど設定したメッセージがLINEアプリに届きますのでLINEアプリを開いてみましょう。

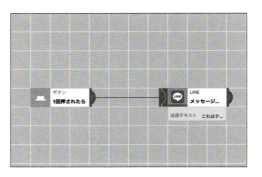

図5.43　LINEの使用が有効になった例

　LINEアプリを開いてみると、図5.44のように「[IFTTT] これはテストです」というメッセージが届いているはずです。これでLINEを使う準備は完了です。あとは、メッセージ内容を変えたり、メッセージを送る条件を自由に変えることもできます。

図5.44　LINEアプリにメッセージが届いているようすの例

188

7 最後に、Googleドライブにアップロードしたコーディネート用アイテムの、写真のリンクをコピーし、LINEの送信テキストにそのリンクを貼り付ける作業を行います。図5.45上の矢印箇所にある、①の「…」のアイコンを押してみましょう。すると、図5.45の右のようなメニューが表示されるので、「リンクの共有」を押して有効にしてください。有効になったら②の「リンクをコピー」をさらに押してください。

図5.45 Googleドライブ上の指定フォルダの共有方法

なお、リンクがコピーされると図5.46のように画面下に「リンクをクリップボードにコピーしました」と表示されます。

図5.46 ファイル共有するためのリンクがデバイス内部にコピーされた例

MESHアプリに戻ってキャンバス上のLINEの設定画面を開き、図5.47のように「送信テキスト」の入力欄に先ほどコピーしたURLを貼り付けます。

そして、設定画面を閉じたら、ボタンを押して、送信テストをしてみましょう。

図5.47 Googleドライブ上にアップした画像ファイルを表示させるURLの添付

8 LINEアプリを起動すると、IFTTTからのメッセージが届いているはずです（図5.48）。また、メッセージ中のリンクをクリックすると先ほど共有したGoogleドライブ上のアイテムの写真が表示されるはずです（図5.49）。以上の手順をくり返してLINEを増やし、アウターからスニーカーまで、すべてのアイテムに対して同じ作業を行いましょう。

図5.48 LINEにメッセージとして共有した画像ファイルへのリンクが表示された例

図5.49 表示された画像ファイルの例

9 次に、人感ブロックとスイッチを配置します。スイッチでは「ランダムに切替える」を使用し、アイテムの数だけ出力数を設定します。図5.50では、3つのアウターの写真がランダムに表示されるように、各LINEのメッセージ部分に、Googleドライブにアップロードしたアウター写真へのリンクが貼り付けられています。

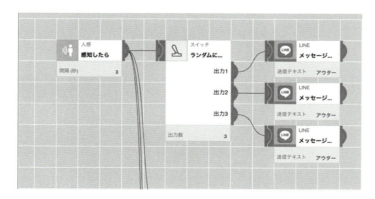

図5.50 「コーディネート提案アプリ」のレシピの一部

10 最終的に図5.51のようなレシピを作成し、図5.52のように人感ブロックを設置し、何度もテストし、各イベントが確実に実行されることを確認しましょう。

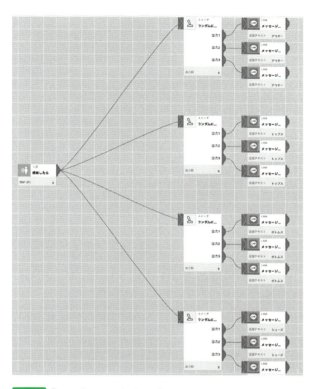

図5.51 「コーディネート提案アプリ」のレシピ

図5.52 人感ブロックの設置場所の例

チャレンジしてみよう

　IFTTTアプレットは、LINEのほかにもさまざまなサービスとの連携ができます。
　たとえば「Weather Underground（ウェザーアンダーグラウンド）」サービスと連携し、「現在の天気が雨に変わったら」などの天気予報の変化をトリガー（きっかけ）にしたレシピを作成してみましょう*。

---

* IFTTTアプレットで利用可能な外部サービス一覧
　https://support.meshprj.com/hc/ja/articles/115003652408

CHAPTER 5

3 薬の飲みまちがいと飲み忘れを防止しよう!

≫ 薬を入れるとタイマーが起動するしくみをつくってみよう

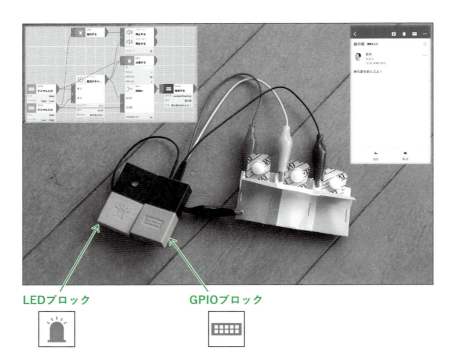

LEDブロック　　　GPIOブロック

　薬とケースを用いて、指定の時間になると、どの薬を飲むか教えてくれたり、飲み忘れをしていたら教えてくれたりするしかけを作成します。
　この作品をつくりながらGPIOブロックを用いたオリジナルのスイッチの利用方法について理解を深めます。

---

*　本節は、「薬の服用指示を改良する」という演習課題で学生がグループ制作し、MESH Recipeのサイトで発表した作品に、筆者がアレンジを加えて紹介したものです。
　https://recipe.meshprj.com/jp/recipe/3786
　https://recipe.meshprj.com/jp/recipe/2893

学ぶこと

1 ▶ MESH設定・操作方法

	MESHの動作または条件、値の設定
GPIOブロック	デジタル入力「High→Low」 デジタル入力「Low→High」 （DIN1（朝）、DIN2（昼）、そしてDIN3（夜）の3系統を使用）
タイマー	指定のタイミングで、 時刻「7：30」「12：30」「18：30」に設定。 （あらかじめOFFにしておき、薬を入れるとONに、薬をとるとOFFに設定）
スピーカー	（指定時刻になると好きな曲を）再生する （Chapter 2の②〔32ページ〕参照） （薬をとると）停止する
LEDブロック	点滅する（30秒） （朝「赤色」、昼「黄色」、夜「青色」に点滅） （薬をとると）消灯する
And	同時に （時間範囲（秒）は「30」に設定）
Gmail	送信する （送信先は適切なアドレスを設定、件名は「朝の薬」などに設定。本文は「朝の薬を飲んだよ！」などに設定）

2 ▶ プログラミング的観点

　≫ **GPIOブロックでオリジナルのスイッチをつくって活用する。**
　≫ **MESHのGmailでメッセージを送信する。**
　≫ **ワンステップでユーザーの目的を達成できるしかけを考案する。**
　≫ **Andを活用し、指定時間にユーザが行動するならば、そのときにかぎってメールが送信されるしかけを構築する。**

　日本では少子高齢化や人口減少が進んでいます。皆さんは、どれくらい人口が減少しているか知っていますか？　2018年12月の総務省統計局のデータによると、前年比27万人の人口減少で、15歳未満は1,539万人、15歳以上65歳未満は7,541万人、65歳以上は3,561万人といった構成になっています。

　今後は子どもやお年寄りが独りで薬を飲む状況が増えることをかんがみ、MESHを用い

て薬の飲みまちがいと飲み忘れを防止するレシピを制作してみましょう。タイマーを使って、時間になったら本人に飲む薬を知らせ、薬を飲んだら家族にメールで通知します。

ここで工夫する点は次のとおりです。

① 飲む薬をケースにセットすると「自動的に」タイマーがON[オン]になる
② 時間になると、対象の子どもやお年寄りの好きな曲が「自動的に」流れて、LEDが点滅する
③ 飲むべき薬をケースから外すと「自動的に」曲が止まる。LEDが消灯、さらにメールで家族にお知らせが届くようにする

薬の包装シートの裏面が通電性のあるアルミニウム素材であることを利用し、GPIOブロックの「デジタル入力」の3つの系統で、朝用、昼用、夜用の薬がセットされたか外されたかを感知する「自動的な」スイッチに仕立てます。

準備するモノ

- GPIO配線用のワイヤー（ワニ口とオス：赤、黄、青、黒）*
- 色画用紙（オレンジ色、黄色、水色）
- アルミホイル
- ハサミ、カッター、カッターマット
- 定規
- のり
- ホチキス

作成手順

1 色画用紙のオレンジ、黄色、水色をそれぞれ3cm×9cmに切り、3枚の長い辺どうしが0.5cmずつ重なるようのりづけします。そして、9cmの辺を5cmと4cmになるように3色の色画用紙をまとめて谷折りにします。さらに、両方の端1cmを3色まとめて山折りにします。横から見ると伸びて広がったアルファベットのMのような形になるはずです。

　次に、アルミホイルを5cm×9cmに切り、図5.53右のようにアルファベットのEの字を左に90°倒したような形に切り込みを入れます。このとき、左の端は、アルファベットのFの字の下側のように少し残しておきます（図5.53の右のように、残し

＊　詳しくは、以下のURLのインターネットサイトを参照。
https://www.switch-science.com/catalog/2519/

ておいた部分は後で色画用紙の裏面に折り曲げられます）。

　アルミホイルを色画用紙にのりづけし、先ほどのFの字における下側の余りは、裏面に折り曲げてのりづけし、ここにGPIOブロックの5番（接地）に差した黒色のワニ口をはさみます。

　続いて、アルミホイルを1 cm×3.5 cmくらいに切ったものを3本つくり、色画用紙のアルミを貼っていない部分に、上を0.5 cmほどはみ出させて横と接触しないように、0.5 cmほどすき間を空けて、のりづけします。

　余りの部分は裏面に折り曲げてのりづけし、ここにGPIOブロックの2番（デジタル入力1）に差した赤色のワニ口、3番（デジタル入力2）に差した黄色のワニ口、4番（デジタル入力3）に差した青色のワニ口を順にはさみます。

　この0.5 cmのすき間の上に薬をセットすると、スイッチがON、外すとOFF（オフ）になるしかけです。

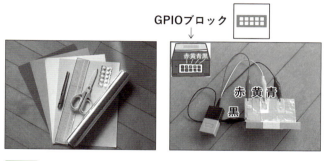

図5.53　アルミホイルを用いた薬ケースの内側とGPIOブロックからの配線

2　図5.53のように、色画用紙を折り曲げた部分がカバーとなります。したがって、このカバーの両端（図5.54の★印の位置）をホチキスで止めた後、真ん中の2か所（■印の位置）も同様に止めます。このとき、ワニ口クリップではさむ部分のアルミホイルどうしが通電しないよう、注意してホチキス止めしましょう。

　完成したら薬をセットしたり外したりして動作を確認しましょう。

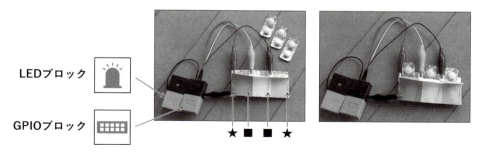

図5.54　薬ケースに薬を入れる前と薬を入れた後

3 続いて、MESHアプリで朝用の設定をしましょう。図5.55のように、GPIOブロックを2つ、タイマーを1つ、And を1つ、スピーカーを2つ、LEDブロックを2つ、キャンバス上に配置します。

　GPIOブロックのデジタル入力1は朝用で、薬をセットすると接地と同じ電圧に低下します。このときの変化「High→Low」をトリガー（きっかけ）としてタイマーをONにし、LEDブロックを赤色に点滅させて知らせます。逆に、薬を外すと変化「Low→High」をトリガーとしてタイマーをOFFにし、LEDブロックを消灯させ、スピーカーも停止させます。

　タイマーで指定の時間になるとLEDを赤色で点滅し、薬を飲む人の好きな曲をスピーカーで流します。そして、指定の時間になってから30秒以内に薬を外すと、指定アドレスにメールが届くようにします（セットアップ方法は次の 4 参照）。

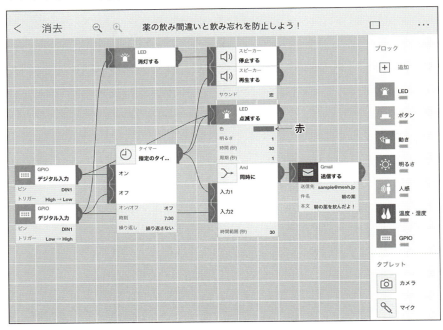

図5.55 GPIOブロックからタイマーとAndを介してGmailへの配線

4 では、Gmail（ジーメール）を追加しましょう。「連携」の「＋追加」をタップし、図5.56の左の画面で「Gmail」を押します。次に、「セットアップ」を押し、アカウント情報を入れます。連携の欄にGmailが表示されたら、キャンバス上に配置し、送信先のメールアドレス、件名「朝の薬」、そして本文「朝の薬を飲んだよ！」を記述します。

図5.56 Gmailのセットアップと送信設定

5 では、動作するかどうか実験です。現在時刻の2分後にタイマーをセットします。また、薬を朝用の赤色のところにセットします。LEDが赤色で点滅し、タイマーもON／OFFのところがOFFからONに変わり、30秒経ったらLEDの点滅が消えたはずです。その後、タイマーが起動し、曲が流れてLEDが赤色で点滅していることまで確認しましょう。

　次に薬を取り出してみましょう。曲が止まり、LEDの点滅が消えたでしょうか？合わせて、スマートフォンにもメールが届いていればすべて成功です。

　あとは、図5.57のように、昼用（GPIOブロックはデジタル入力2、LEDブロックは黄色）、夜用（GPIOブロックはデジタル入力3、LEDブロックは青色）を同様に設定して完成です。朝、昼、夜のタイマーは薬を飲む時刻に合わせてそれぞれ設定しましょう。

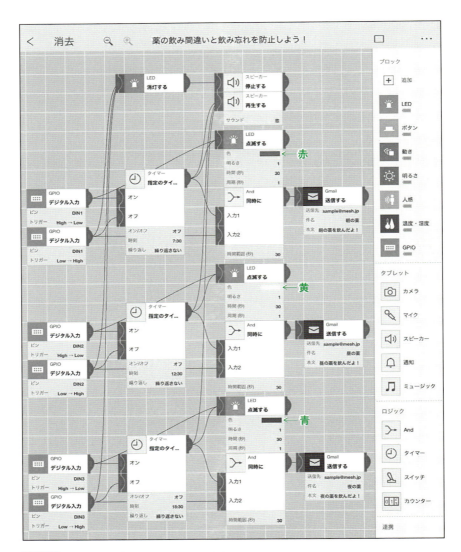

図5.57「薬の飲みまちがいと飲み忘れを防止しよう！」のレシピ

6 さあ、実際に使ってみましょう。寝る前に次の日の薬をセットしておきましょう。あと、想定している利用者は子どもやお年寄りですが、MESHにまかせっぱなしというのはよくありません。家族のコミュニケーションが大切です。

　家族の方がメールを受けとったら、「ちゃんと飲めたね！」とほめる内容の返信をしたり、「あったかくしていてくださ

MESHで
心と心も
つながる…！

いね！」と思いやる内容の返信をしたりして、薬を飲むことの体験価値を高める工夫をすることが大切です。

チャレンジしてみよう

　自分の身近な人のために、薬の飲み間違いと飲み忘れを防止するタイマーを設定してみよう。

Memo

CHAPTER 5

4 あなたを彩る夢空間！今日から私も舞台俳優！

≫ 動きに合わせて色が変わるライティングをしてみよう

喜  オレンジ

怒  赤

哀  紫

楽  黄

　色と明るさを制御できる電球を用意し、自分1人で演劇などのパフォーマンスをしながら動きブロックやボタンブロックでライティングの色や明るさを変えられるしかけを作成します。

　そして、完成したパフォーマンスをビデオカメラで撮影します。作品をつくりながらIoT照明のPhilips Hue（Signify製）のMESHからの利用方法について理解を深めます。

* 本節は、メディア表現の演習課題で学生が制作し、MESH Recipeのサイトで発表した作品に、少しアレンジを加えて紹介したものです（作品制作・撮影協力：園部由美子氏）。
https://recipe.meshprj.com/jp/recipe/3384

学ぶこと

1 MESH設定・操作方法

	MESHの動作または条件、値の設定
〈あなたを彩る夢空間！ 編〉	
動きブロック	振られたら （感度「10-100」、間隔（秒）「0.5」に設定）
スイッチ	ランダムに切替える （出力数は「4」に設定）
ボタンブロック	長押しされたら（消灯する）
〈今日から私も舞台俳優！ 編〉	
ボタンブロック	1回押されたら（順に色が変わる） 2連続で押されたら（LEDが点滅する）
スイッチ	順番に切替える （出力数は「5」に設定）
LEDブロック	点滅する （明るさ「5」、時間（秒）「15」、周期（秒） 「0.5」）
〈両編共通〉	
Philips Hue	点灯する （「オレンジ色」「赤色」「紫色」「黄色」を設定） （明るさは「5」に設定） 消灯する

2 プログラミング的観点

≫ 「イベント」が生じた、すなわちコンピュータの立場に立って人間から何かされたときに、「イベントハンドラ」（イベントの対処プログラムを実行するというしくみ）を理解できる（イベントモデル）。

〈「あなたを彩る夢空間！」編〉

≫ MESHのしかけを動かすトリガー（きっかけ）として、動きブロックの「振られたら」を用いて自分の体の動きを電子的な情報に変換し、自由に活用する

≫ 偶然にコトが生じることのおもしろさを、スイッチブロックの「ランダムに切替える」を活用して、自由に表現に取り入れる

≫ **LED照明の色（16色）、明るさ（1〜5段階）、そして点灯／消灯を自由に設定
し、自分の設定したとおりに操作する**

〈「今日から私も舞台俳優！」編〉

≫ **MESHのしかけのトリガーとして、ボタンの「1回押されたら」を用いて、舞台
で演じながら、しかけを自由に活用する**

≫ **あらかじめ設定した内容を、スイッチの「順番に切替える」を活用して、必要
なタイミングで操作する**

　では、さっそく、Philips Hue（Signify社製）に挑戦してみましょう。このHue（ヒュー）とは、色の三属性の1つである色相（hue）（ヒュー）から名づけられています。その他2つの属性は、彩度（saturation）（サチュレーション）、明度（lightness）（ライトネス）です。Philips Hueは、一般家庭で使用できるLEDを使ったIoT照明で、専用のLED電球（Hue電球、100 V、口金26E）の色（hue）と明るさ（lightness）をさまざまなデバイスから通信制御することができます。

　今回はPhilips HueとMESHを連携させた2つのアイデアを紹介します。「よっ、待ってました！」って、1つ目は〈「あなたを彩る夢空間！」編〉と題して、動きを付けて踊ると、動きに合わせてPhilips Hueの色が自動的に変わる使い方です。

　2つ目は〈「今日から私も舞台俳優！」編〉と題して、光を使って喜怒哀楽の1人舞台を演じる使い方です。「よっ、中村屋！」「こいつぁ春から縁起がいいわ」って、違います。作品のPVは以下のURLで見ることができます（作：園部由美子氏）。

https://recipe.meshprj.com/jp/recipe/3384

> 準備するモノ

- Philips Hueスターターセットv 3（Signify社製、Hue電球×3、Hueブリッジ）
- 柱
- いす
- 白のシーツ（カーテン、図5.58）
- 電球ソケット（口金　E26）を3個
- 電源タップ　　　　●BGM音源
- 撮影用のビデオカメラ（またはスマートフォン）と三脚
- 無線LANのルータ

LED
ブロック
ボタン
ブロック
動き
ブロック

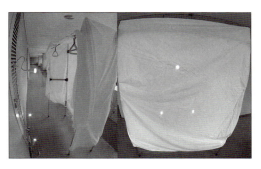
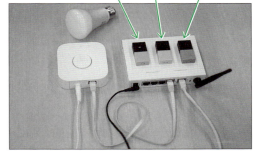

図5.58 Philips Hueの電球とカーテンの設置例

作成手順

〈「あなたを彩る夢空間！」編〉

1. MESHアプリを起動している端末（iPad、iPhoneなど）がつながっている無線（WiFi）ルーターの有線LANポートと、Hueブリッジ（Hue電球つなぐためのハブ）の有線LANポートをネットワークケーブルで接続します。

 ここでは、図5.59のようにMESHアプリの端末がつながっている無線（WiFi）ルーターとHueブリッジとが「同じネットワークにつながっていること」が重要です。

 まず、使用するHue電球をE26型の口金の照明器具に取り付け、電源を入れます。次に、Hueブリッジの電源を入れます。

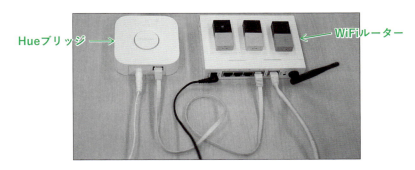

図5.59 Philips HueブリッジとWiFiルーターを同じネットワークにつなげる

2 MESHアプリの右側の「連携」の「＋追加」を押すと図5.60の左の画面が表示されるので、その中から「Philips Hue」を選択します。そして、「セットアップ」を押します。

図5.60 Philips HueをMESHアプリでセットアップ

　もし、Hueブリッジが見つからない場合には、図5.61のように、「Hueブリッジを検索」の画面が表示されるので、「IPアドレスで探す」を押し、HueブリッジのIPアドレスを、たとえば「192.168.1.10」のように入力し、「検索」を押します。
　このIPアドレスは、Hueアプリを端末（iPadなど）にインストールし、制御対象のHueの右端の「i」マークによって確認できます。

図5.61 Philips Hueのブリッジを手動で検索

3 Hueブリッジが見つかると、図5.62のように、「Hueブリッジをアクティベートする」の画面が表示されますので、Hueブリッジのリンクボタン（上面にあるボタン）を押し、30秒以内にMESHアプリの画面で「OK」をタップします。
　そして、「セットアップが完了しました」の画面が表示されれば、MESHアプリとHueブリッジの接続は完了です。

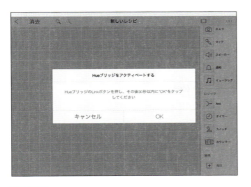

図5.62 Philips HueをMESHアプリでアクティベート

4 図5.63のように、動きブロックを1つ、スイッチを1つ、Philips Hueを5つ（点灯時の色は、上から順にオレンジ、赤色、紫色、黄色に設定）、ボタンブロックを1つ、それぞれキャンバス上に配置します。

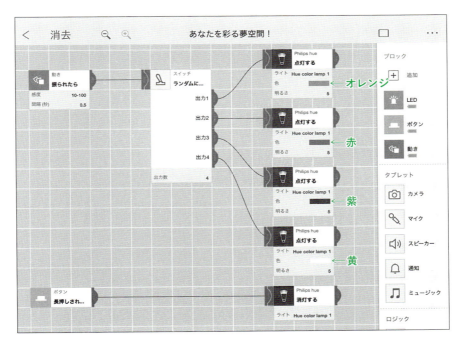

図5.63 「あなたを彩る夢空間！」のレシピ

5 動きを感知するために、図5.64のように、動きブロックをスカートやズボンにテープなどで付けて踊り、ライトが点灯して色がランダムに変化することを確認します。合わせて、ボタンブロックを手にもって長押しし、ライトが消灯することも確認します。

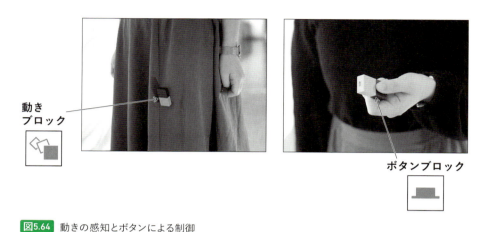

図5.64 動きの感知とボタンによる制御

6 図5.65のように、柱を立て、白のシーツをスクリーンのようにピンと張って、ライトとスクリーンの間で演じた俳優の影を投影するスクリーンを設営します。

そして、カメラをライトと反対側（図の右側、スクリーンの裏）に三脚で設置し、お好みのBGM音源を再生しながら踊り、そのようすを録画します。

ここで、上手に影を撮影するコツは、演者がカーテンにふれるくらい近くで演技をすることです。さあ、皆さんは何を踊りますか？

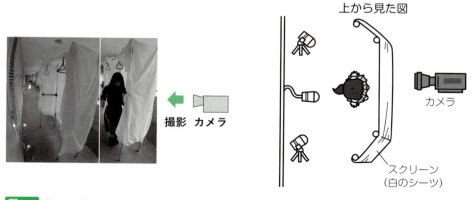

図5.65 Philips Hueとスクリーンの間でパフォーマンスを実施

〈「今日から私も舞台俳優！」編〉

1. 舞台ができたところで、次は、1人で出演しながら、演出もしてしまいましょう。テーマは、1日の生活と喜怒哀楽という感情です。

    まずは、演劇の構成を決め、図5.66のように、絵コンテを描きましょう。

    その構成に合わせて、光の色と演出方法を決めていきます。ポイントは、人の位置が固定されてしまうため、1つひとつの動作を大きくすることです。

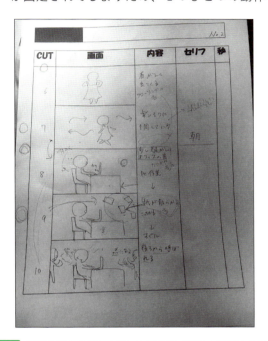

図5.66 演劇の流れを描いた絵コンテの例（提供：園部由美子氏）

2. MESHでの準備は「あなたを彩る夢空間！」編と同じですが、図5.63に示したMESHアプリのプログラムを少しアレンジします。

    図5.67のように、「動きによってランダムに色を変更」する部分を、「ボタンを押すとあらかじめ設定した色（点灯時の色は、上から順にオレンジ、赤色、紫色、黄色に設定）が順に点灯するように変更」します。また、ボタンブロックをダブルクリックすると背後でLEDが点滅し、キラキラと光る星を表現するようにしています。

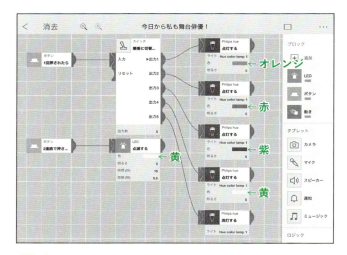

図5.67 「今日から私も舞台俳優！」のレシピ

3. 作品では、1日の喜怒哀楽をテーマとして、まずは「喜」をオレンジ色の背景色と、朝起きて伸びをする動作で表現します（図5.68）。皆さんも、自分なりに「喜」を動作として表現してみましょう。

図5.68 「喜」を、オレンジと朝起きて伸びをする動作で表現

4. 次に「怒」を赤色の背景色と、髪をかきむしる動作で表現します（図5.69）。自分なりの動作で「怒」を表現しましょう。般若のようにツノで表現するのもいいかもしれません。なお、この例の紙が舞い散るシーンではアシスタントに紙束を投げてもらいました。

図5.69 「怒」を赤色と、髪をかきむしる動作で表現

5. そして「哀」を紫色の背景色と、しょんぼりと画面の片隅でうつむく動作で表現します（図5.70）。「哀」も自分なりの動作で表現を試みてみましょう。なお、背後で星がまたたくシーンは、誰かにアシスタントを引き受けてもらい、複数個のLEDブロックを動かしてもらいます。

図5.70 「哀」を紫色と、しょんぼりと画面の片すみでうつむく動作で表現

6. 最後に「楽」を黄色の背景色と、元気に踊る動作で表現します（図5.71）。「祭ばやしの太鼓をたたく動作で表現したい！」など、自分なりの動作で「楽」を表現しましょう。なお、この図5.71の踊るシーンではアシスタントの人にもいっしょに踊ってもらっています。

図5.71 「楽」を黄色と、元気に踊る動作で表現

7. あとは、撮ったビデオを編集して、BGMやサウンドエフェクト（効果音）を付けて、タイトルとエンドロールを入れて完成です。

チャレンジしてみよう

自分の好きな色のライティングを設定して、好きな曲で踊ってみよう。
また、自分の1週間をライティングとパフォーマンスで表現してみよう。

CHAPTER 5

今日の風に吹かれましょう！
≫ インターネットの天気情報を調べるしくみを
つくってみよう

天気と風速の情報を取得し、ボタンを押すと、マリンスポーツに適した天気と風速かどうかを判定して、結果をLEDの色で教えてくれるしかけを作成します。

この作品をつくりながらSDK（Software Development Kit）の利用方法について理解を深めます。

ボタンブロック　　LEDブロック

学ぶこと

1 MESH設定・操作方法

	MESHの動作または条件、値の設定
ボタンブロック	1回押されたら
Weather（カスタム）	Locationを指定すると、 Weather関数は「Sunny」「Cloudy」「Rainy」のいずれかを出力 Wind関数は「Light」「Moderate」「Strong」のいずれかを出力
Train Delay（カスタム）	遅延がなければ「Normal」 遅延があれば「Delay」
LEDブロック	点灯する （青色なら「海でこころをデトックス」、 赤色なら「家でからだをリラックス」、 黄色なら「風の吹くまま気の向くまま」）

＊ 本節は、筆者が制作し、MESH Recipeのサイトで発表した作品に、少しアレンジを加えて紹介したものです。
https://recipe.meshprj.com/jp/recipe/3093
＊ 本節で紹介するSDK用のサンプルプログラムはオーム社ホームページ（https:www.ohmsha.co.jp）にて提供しています。

2 **プログラミング的観点**

≫ SDKでプログラムを作成し、MESHアプリにダウンロードして活用する。

≫ インターネット上のJSON（JavaScript Object Notation）形式の情報をMESH SDKのajax関数で取得する。

≫ 条件分岐、すなわち「情報を仕分けするしくみ」を理解し、自分が探している情報かどうかを判定する方法（if）を活用する。

≫ 複数の条件分岐のプログラムを組み合わせて、自分が普段行っているような総合的な判定ができるようにする。

　では、MESH SDKの第2弾に挑戦してみましょう。電車の遅延情報をチェックした第1弾はChapter 4の⑦（148ページ）にありますので、まだ挑戦していない場合は先にそちらに取り組んでみましょう。ここでは、その続きともいえる内容に取り組んでみましょう。

準備するモノ

- SDK：`https://meshprj.com/sdk-jp/`
- SDKを作成するPC（パソコン。Webブラウザを使用するため）
- メールアドレス
- 参照情報：`https://openweathermap.org/`

作成手順

1 まずは準備を行います。MESH SDKのインターネットサイト（`https://meshprj.com/sdk-jp/`）にPCのWebブラウザ（Google Chrome、Microsoft Edgeなど）からアクセスし、サインインしましょう。「Create New Block」をクリックして、図5.72のように、「New Block」の部分に内容を的確に表すような名前、ここでは天気の実況情報なので、「Weather」を記入しましょう。また、内容を的確に表すようなアイコン画像（96×96ピクセル）があれば、「Browse Image」ボタンを押してその画像ファイル、ここでは太陽マークをPCから読み込みましょう。なければ、もとのままで大丈夫です。マークの作成方法の一例としては、AutoDraw（`https://www.autodraw.com/`）で描き、サイズを96×96ピクセルに小さくして画像ファイルに保存します。

211

さて、次の欄の「Input Custom Block Description」にこのカスタムの説明、ここでは「This is a software block that provides weather and wind information.」（「天気と風速を知らせるソフトウェアブロック」の意味）とでも入れておきましょう。

そして、「New Function」のところは、「Weather」と入れておきます。「＋Add New Function」をクリックし、2つ目には「Wind」と入れておきます。すなわち、天気と風速の2つの機能を設定することになります。

図5.72　名称と説明とアイコンの設定画面とアイコン用のサンプル画像

2　図5.73のように、WeatherとWindのInput Connectorをそれぞれ1つとします。
Output Connectorはそれぞれ3つとし、Weatherのラベルは「Sunny」（晴れ）、「Cloudy」（くもり）、「Rainy」（雨）、Windのラベルは「Light」（弱い）、「Moderate」（穏やか）、「Strong」（強い）と順に入力しましょう。

プロパティは、都市名をローマ字で入れられるようにするために、Weatherの「＋Add New Property」を押し、「New Property」には「Location」、左横の三角マークを押すと表示される「Reference Name」には「location」（すべて小文字）、「Default Value」には自分がチェックする都市名、たとえば「Tokyo」を入力しておきましょう。

次に、Windも同様に設定しておきましょう。

最後に、Resultは電車の遅延情報（Chapter 4 の 7〔148ページ〕）のときと同様に、図5.73の右のように、WeatherとWindの両方に同じものを入力しておきましょう。

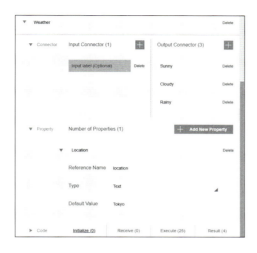
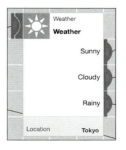

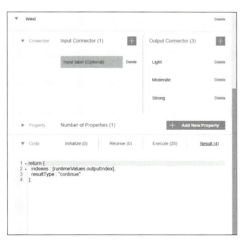
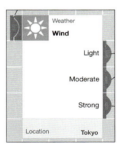

図5.73 Connector、Propertyの設定画面とMESHアプリでの表示例

3 以上でカスタムの外見とResultのコードは完成です。忘れないうちに、画面いちばん上の「Save＊」を押しましょう。

　次に、Executeを書いてみましょう。大きな構造は、電車の遅延情報のときと同じです。まずajaxというWebサーバーから情報を取得する処理を実行し、次にreturnの戻ってきた値（戻り値）としてpause（処理を一時停止）をシステムに送っています。

　そして、ajaxでサーバーとの通信が成功した際に、取得したデータを処理し、Output Connectorの値をセットし、先ほど一時停止した処理をcontinueに変更し、続きのResultの処理を実行します。

　この大きな構造はWeatherとWindで共通ですから、図5.74のように、Wind用に同じものを記述して保存しておきます。

図5.74　取得した情報を処理するプログラムの大きな構造

4 次に、Open Weathe Map（https://openweathermap.org/）にWebブラウザ（Google Chrome、Microsoft Edgeなど）でアクセスし、アプリケーションIDを取得します。画面上部の「Sign Up」をクリックしてアカウントを作成します。作成したら「Sign In」をクリックしてサインインします。

図5.75の上のように、料金プランは「Billing plans」で確認できます。無料の範囲で利用する場合は「Free plan」にします。
　図の下のように、「API keys」で「Create key」の「Name」に「MESH」と入れて、「Generate」を押し、Keyを作成します。表示されたKeyをコピーして利用します。

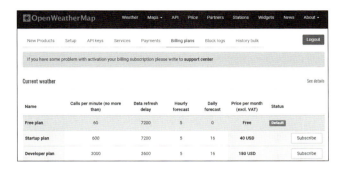

図5.75　Open Weather MapのアプリケーションIDの取得

5　ここで、サーバーから戻ってくるデータがどのような形式になっているのかをみてみましょう。Webブラウザで新しいタブを開いて、URLの欄に

　　`http://api.openweathermap.org/data/2.5/weather?q=Tokyo&APPID=`

と入力し、続けて先ほどのKeyを貼り付けて、リターンキーやエンターキーを押してみてください。なお、Keyが有効になるまで少し時間がかかる場合があります。
　これは１行で表示されていますが、見やすく整形すると、図5.76の形式になっています（実際にはもう少し情報があります）。
　すなわち、"weather"という配列の0番目の"id"に天気情報が、"wind"の"speed"に風速情報が格納されています。

```
 1 ▾ {
 2      "coord": {
 3        "lon": 139.76,
 4        "lat": 35.68
 5      },
 6 ▾    "weather": [
 7        {
 8          "id": 801, // この情報で天気を条件分岐する
 9          "main": "Clouds",
10          "description": "few clouds"
11        }
12      ],
13 ▾    "wind": {
14        "speed": 3.6, // この情報で風速を条件分岐する
15        "deg": 350,
16        "gust": 9.3
17      },
18      "name": "Tokyo"
19 }
```

図5.76 サーバーから戻ってくるデータの形式

6 まず、図5.77をみながら、Weatherのsuccess（サクセス）の関数を記述します。json（ジェイソン）変数にこのデータが入っていますので、`json.weather[0].id`の天気情報を利用します。`https://openweathermap.org/weather-conditions`にidの解説があります。

　ここでは、800と801をSunny、700未満をRainy、そしてその他をCloudyと分類することにします。

　天気の分類結果を格納した変数weatherをoutputIndex（アウトプットインデックス）に記述します。なお、図には示されていませんが、5行目の"APPID"（アップアイディー）の欄は先ほど取得したKeyを貼り付けておきます。

```
 9   success : function (json) {
10     var id = json.weather[0].id;
11     var weather = 1; // Cloudy
12     if (id < 700) weather = 2; // Rainy
13     if (id == 800 || id == 801) weather = 0; // Sunny
14     callbackSuccess ({
15       resultType : "continue",
16       runtimeValues : {
17         outputIndex : weather
18       }
19     });
```

図5.77 天気情報を判定するプログラム（該当箇所の抜粋）

7 次に、図5.78のように、Windのsuccessの関数を記述します。これもjson変数に入っていますので、`json.wind.speed`の風速情報を利用します。ここでは、風速が

3.4 m/秒未満をLight、8.0 m/秒以上をStrong、そしてその中間をModerateと分類することにします。

```
 9 ▼  success : function (json) {
10      var speed = json.wind.speed;
11      var wind = 0; // Light
12      if (3.4 <= speed) wind = 1; // Moderate
13      if (8.0 <= speed) wind = 2; // Strong
14 ▼    callbackSuccess ({
15        resultType : "continue",
16 ▼      runtimeValues : {
17          outputIndex : wind
18        }
19      });
```

図5.78 風速情報を判定するプログラム（該当箇所の抜粋）

8 これらを保存した後、MESHアプリの「カスタム」の「＋追加」をタップしてWeatherを読み込みましょう。あとは、「Wind」「Weather」、Train Delay（トレイン　ディレイ）の「Check」（チェック）を組み合わせて、自分が普段行っているような総合的な判定ができるようにしていきます。

皆さんは、休日は「海でこころをデトックス」ですか？　それとも「家でからだをリラックス」ですか？　よい風が吹くなら海に行って風乗り（ウィンドサーフィン）したいけど、そうでなければ家でゴロゴロしていたい、というのが本音でしょうか。

ここでは、朝、寝床からでも、ボタンブロックを押せば風を調べて、天気を調べて、電車の運行状況を調べて、LEDブロックで教えてくれるしかけを目指してみましょう。青色なら「海でこころをデトックス」、赤色なら「家でからだをリラックス」、そして黄色なら「風の吹くまま気の向くまま」、という判断です。

中風（moderate wind、ほどよい風）で、晴れかくもりの場合には、電車が平常どおりなら青色に、遅延があれば黄色につなぎます。ただし、中風でも雨の場合は、電車が平常どおりなら黄色に、遅延がある場合は赤色につなぎます。

強風（strong wind）の場合も赤色につなぎます。微風（light wind、弱い風）の場合には、晴れていれば浜辺でのんびりすごすのも気もちいいですから、電車が平常どおりなら青色につなぎます。また、微風で晴れていて電車に遅延がある場合や、微風でくもっていて電車は平常どおりの場合は、黄色につなぎます。そして、微風で雨の場合は赤色につなぎます。

配線はあくまで一例です。強風だからこそ出かけていく人もいるでしょうね。

以上のように考えながら、図5.79のように、お好みで調整してください。

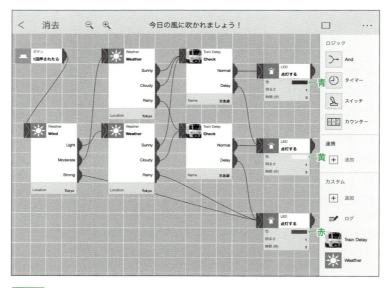

図5.79 「今日の風に吹かれましょう!」のレシピ

チャレンジしてみよう

スポーツやハイキングなどのお出かけコンシェルジュ（案内人）をつくってみよう。

　皆さんは、ブルート・フォース攻撃って何か知っていますか？ Brute Force Attackは、パスワードや暗号を解読するために、すべての組み合わせを試す方法の名称です。
　たとえば、3桁の数字であれば10^3で1,000通りの組み合わせですが、コンピュータを使えば1秒もかからずに解読できます。
　本節で使用したOpen Weather MapのWeather APIでは、アクセスする際に英文字と数字を10桁以上組み合わせたアプリケーションIDを指定します。つまり、36^{10}通り以上ですから解読はかなり困難で、上述の攻撃にもある程度、対応できます。
　ちなみに、10^1は「十」、10^2は「百」、では10^{100}は何か知っていますか？「グーゴル（googol）！」って、正解！
　Googleの名称のもとになった、星の数よりも多い単位です。そんな桁数の多いアプリケーションIDをあらかじめ取得する必要があると知っておいてください。

プログラミング教育の現場から 5

アドバンスト

体験をデザインする

　東京・八王子市にある大学の講座の1コマ。デザイン思考という考え方を学び、ユーザの体験価値をデザインするという授業が行われています。
　「え？　デザイン？　プログラミング教育の現場じゃないの？」「デザイナーになる気はないし興味ないなあ……」そんな声が聞こえてきそうですね。でもちょっと待ってください。「デザイン」というものを見た目を美しくする活動だと思っていませんか？　実はデザインというのはもっと広い意味をもっているのです。問題の本質を捉え、それを解決する、あるいは価値を与えるための手段を"設計"するという意味を含んでいるのです。デザインという言葉をより正しく捉えると、デザイン思考というのが、単にデザイナーになるための考えではないことをわかっていただけるのではないでしょうか。そしてユーザ体験価値のデザインにおいて、簡単IoTプログラミング技術がキー要素の1つとなっているのです。

ではその現場をみてみましょう。

　教室に入ると、学生たちはグループになって、デモンストレーションの準備をしていました。この日はユーザ体験価値デザインの学修の成果を発表する日です。教室のあちらこちらで、説明用のパネルを張り出し、各々がデザインしたユーザ体験価値を他グループのメンバーに体験してもらうための準備が進められています。これらのユーザ体験価値の表現では、電子ブロックを用いた簡単IoTプログラミングが使われていました。例えば、授業中に居眠りをすると、徐々に頭が垂れてくることに注目し、頭の位置が下がってきたことを検知すると、振動を与えて起こしてくれるような居眠り防止ツールなどがデザインされています。
　大学生は自ら学びに大学に来ているのですから、授業中、寝てしまうのは、自分自身の時間と授業料の損失です。それを防止して、充実した受

講体験を与えるというのが狙いといえます。

このほかにも電車の中での退屈な時間を楽しく過ごすつり革、楽しく運動をするモチベーションを提供してくれるグッズ、処方薬の飲み忘れを防ぐ道具など、学生たちは、他のチームのプレゼンテーションを聞き、デザインされた体験を楽しみながら、相互に意見を交換し合っていました。

このクラスはプログラミングを学ぶための授業を行っているのではありません。社会の中の課題を発見し、その課題を解決するための新しいユーザ体験を創出することを狙いとした授業を行っているのです。ここで重要なポイントは「解決すべき問題には、明確な解答が存在していない」という点です。このような問題に対して学生たちは、「どういう状態になればユーザがうれしいのか」というユーザの価値仮説を考え、それを実現するための体験をプロトタイピング[*1]します。

この授業では、ユーザ体験のプロトタイピングに電子ブロックを用いた簡単IoTプログラミングを活用していました。プロトタイプをつくり、体験し、どこまでうれしい体験に近づいたのかを評価し、さらなるプロトタイプのブラッシュアップをします。プログラミングは、このサイクルをくり返していく中で、ゴールを探索するための問題解決手法なのです。

ユーザ体験を具現化するために、なぜ電子ブロックを用いた簡単IoTプログラミングが使われるのでしょうか。一般的なプロトタイピング手法には、ストーリーボードやペーパープロトタイピング、Wizard of OZ（オズの魔法使い）[*2]などがあります。これらの手法と比較して、体験デザインのプロトタイピングに電子ブロックを用いることには、次のようなメリットがあげられます。

① 体験のイメージを膨らませることができる（思考／表現の多様性の拡張）

② リアリティによって周囲の評価者の関与を引き出せる

③ デザインの迅速なスパイラルアップ[*3]が可能

一般に、デザイナーのオフィスにはさまざまな素材が置かれていて、デザイナーはそれらの素材から多くのインスピレーションを得てデザインの着想を得るといわれています。電子ブロックによるプログラミングでは、素材に加えて「動きの素材集」が与えられていると考えてもよいでしょう。

例えば動きを検知するブロックは、振ったり向きを変えたりすることで、さまざまなアクションを起こすことが可能となります。このような動きのリストが素材に加わることで、発想がより豊かなものとなり、ユーザ体験デザイナーの思考と表現の多様性を増幅してくれます。本授業を担当する教員も、以前、ストーリーボードなどを使用していたときよりも、表現の幅が広がったと感じているそうです。

電子ブロックによるプロトタイプを通じて、実際に体験できることによって生み出されるリアリティも、電子ブロックを用いたプログラミングの重要な価値といえます。ストーリーボードでも、できるだけユーザの体験をイメージしやすいように物語を表現します。しかしながら、いかにリアルにストーリーを描いたとしても実際の体験に優るものはありません。それによって、プロトタイプの評価者は、実際に体験を楽しみ、それが自分たちの所望するものであるか、体験は楽しいか、感情が揺さぶられるかなどを具体的に評価することが可能となります。この価値は非常に大きいといえるでしょう。

ストーリーボードで体験を評価しようと思うと、評価者はそこに描かれた物語から、自身の内面にある類似した体験を想起して評価することになります。類似体験とストーリーボードに描かれ

た体験との間に、何段階かの変換が発生し、体験価値の重要なポイントであるエモーショナルな評価へとつなげることが非常に難しくなります。

これに対して電子ブロックによるプロトタイプは、ユーザの「楽しい」といった感情の側面に直接働きかけることが可能です。したがって、評価者はロジックではなく、率直に感じたままの評価を楽しみながらフィードバックすることができるのです。

また、デザインのスパイラルアップでは、迅速な実装と変更ができることが重要です。電子ブロックによるプログラミングは事前にきちんとした設計をしなくても、あたかも工作をしているかのように、思いついたアイデアを簡単に作成／修正することができます。さらに、迅速にプロトタイプが作成できることで、周囲の人たちにアイデアを伝えたり、体験してもらったりすることが容易となります。

このことは、電子ブロックがデザインチームのメンバーだけでなく、周囲の人々をも巻き込むことを容易とする特長をも備えているといってよい

でしょう。早期にアイデアの評価を得たいとき、電子ブロックを利用することでさまざまな人々にみてもらい、触ってもらい、体験してもらうことで多くの適切なフィードバックを得ることができるのです。

ただし、このためには、いかにアイデアを迅速に可視化できるかがポイントとなります。そして、そこで得られたフィードバックをいかに早く反映させてプロトタイプを成長させていけるかが重要です。

ユーザ体験価値のデザインにおいては一度で結果が出ることはありません。プロトタイプというのはプロトタイピングと評価のサイクルの中で絶えず変化し続けていくものなのです。そして、体験価値デザインとは、よりよいユーザ体験を探求し続けるプロセスといえます。この中で電子ブロックは、アイデアの可視化と修正において重要な役割を担っているのです。

近年IoTやAIを扱うIT系企業において、デザイン思考を新人研修などに取り入れるようになってきました。社会の変化により、従来的なアプローチだけでは企業のかかえる課題の解決が難しくなってきており、IoTやAIを活用した新しい問題解決法や思考法を新入社員に社会人の基本スキルとして身につけてほしいと考えるようになってきたことが背景にあります。

電子ブロックのもつ「体験をデザインする」ためのデザイン思考力や簡単IoTプログラミングを活用したアイデアの具現化力などは、まさに、いま求められている最先端の能力といえるでしょう。

＊1　プロトタイピング／プロトタイプ
モノやサービスを作成する際、早期の段階でアイデアを試作的に形にして、ユーザに見せることで反応を知り、改良を繰り返してよりよいデザインにしていくやり方をプロトタイピングとよび、試作でつくられたものをプロトタイプとよぶ。

＊2　ストーリーボード／ペーパープロトタイピング／Wizard of OZ（オズの魔法使い）
これらはプロトタイピングでよく用いられるアナログ系の手法。
「ストーリーボード」は絵を用いて、4コマから6コマ程度でストーリーを描く表現手法。
「ペーパープロトタイピング」とは、システム実装前に紙とペン（手書き）でUIの挙動を確認する手法。他の手段に比較して作成が簡単なので、試行錯誤が容易。
Wizard of OZ（オズの魔法使い）は、あたかも機能が実現したかのようなふるまいを、人間が黒子となって提供することで、複雑な機能実装前に、その評価を行う手法。

＊3　スパイラルアップ
プロトタイピングのように、形にする→評価する→改良する、というステップを繰り返すことで、よりよいデザインに改良していく過程のこと。

編著者略歴

〔編著者〕

上林　憲行（かみばやし　のりゆき）

慶應義塾大学 大学院理工学研究科 博士課程修了（工学博士）
現　在　武蔵野大学 データサイエンス学部 教授（学部長）
　　　　Musashino University Smart Intelligence Center長

〔著者〕

中村　亮太（なかむら　りょうた）

慶應義塾大学 大学院理工学研究科 博士課程修了（博士（工学））
現　在　武蔵野大学 データサイエンス学部 准教授
　　　　アジアAI研究所 研究員
　　　　NVIDIA Deep Learning Institute University Ambassador＆認定インストラクター

中村　太戯留（なかむら　たぎる）

慶應義塾大学 大学院政策・メディア研究科 論文博士取得（博士（学術））
現　在　Musashino University Smart Intelligence Center 准教授
　　　　慶應義塾大学 環境情報学部 非常勤講師
　　　　東京工科大学 メディア学部 演習講師

岡崎　博樹（おかざき　ひろき）

東京都立大学 理学部 卒業
現　在　手仕事工房 代表
　　　　東京工科大学 演習講師
　　　　東京女子大学 非常勤講師

田丸　恵理子（たまる　えりこ）

慶應義塾大学 大学院理工学研究科 修士課程修了（修士（工学））
現　在　Musashino University Smart Intelligence Center
　　　　山梨大学客員教授

（所属は2019年4月現在）

― 資料提供・協力等 ―

株式会社 内田洋行
株式会社 エス・エー・アイ
シグニファイジャパン合同会社
株式会社 島津理化
株式会社 タミヤ
ソニー株式会社 MESH プロジェクト
株式会社 ヤガミ

フォーマットデザイン：waonica
本文イラスト　　　：株式会社ユニックス（中田　亜花音）

- 本書の内容に関する質問は，オーム社書籍編集局「（書名を明記）」係宛に，書状または FAX（03-3293-2824），E-mail（shoseki@ohmsha.co.jp）にてお願いします．お受けできる質問は本書で紹介した内容に限らせていただきます．なお，電話での質問にはお答えできませんので，あらかじめご了承ください．
- 万一，落丁・乱丁の場合は，送料当社負担でお取替えいたします．当社販売課宛にお送りください．
- 本書の一部の複写複製を希望される場合は，本書扉裏を参照してください．

JCOPY ＜出版者著作権管理機構 委託出版物＞

MESH ではじめる IoT プログラミング
― 〈うれしい〉〈たのしい〉〈おもしろい〉を創作しよう―

2019 年 5 月 25 日　　第 1 版第 1 刷発行

編 著 者　上 林 憲 行
著　　者　中 村 亮 太 ・ 中 村 太 戯 留
　　　　　岡 崎 博 樹 ・ 田 丸 恵 理 子
協　　力　ソニー株式会社 MESH プロジェクト
　　　　　プログラミング教室 Swimmy
発 行 者　村 上 和 夫
発 行 所　株式会社 オーム社
　　　　　郵便番号　101-8460
　　　　　東京都千代田区神田錦町 3-1
　　　　　電話　03(3233)0641（代表）
　　　　　URL　https://www.ohmsha.co.jp/

© 上林憲行・中村亮太・中村太戯留・岡崎博樹・田丸恵理子 2019

印刷　美研プリンティング　　製本　協栄製本
ISBN978-4-274-22376-1　Printed in Japan

ロボットのことを知るなら、ロボマガが一番

A4変形判　偶数月15日発売（隔月刊）
本体1,200円＋税

ロボットを「知りたい」「作りたい」にもっと応えます！

電子版も販売中！

お取扱い電子書店
- Amazon Kindle
- honto
- Apple Books
- Fujisan.co.jp
- 楽天Kobo
- BookLive!
- ReaderStore

| URL | https://www.ohmsha.co.jp/robocon/ | facebook | https://www.facebook.com/robomaga |
| メールマガジン | https://www.ohmsha.co.jp/robocon/s_robocon.htm | Twitter ID | @robomaga |

もっと詳しい情報をお届けできます。
※書店に商品がない場合または直接ご注文の場合は右記宛にご連絡ください。

ホームページ　https://www.ohmsha.co.jp
TEL／FAX　TEL.03-3233-0643　FAX.03-3233-3440

（本体価格は変更される場合があります）

C-1903-154

関連書籍のご案内

学ぶことの多い **機械学習** を
マンガでさっと学習でき、
何ができるかも理解できる!!

マンガでわかる 機械学習

荒木 雅弘／著　　渡 まかな／作画　　ウェルテ／制作

定価(本体2200円【税別】)・B5変判・216ページ

　本書は今後ますますの発展が予想される人工知能分野のひとつである機械学習について、機械学習の基礎知識から機械学習の中のひとつである深層学習の基礎知識をマンガで学ぶものです。
　市役所を舞台に展開し、**回帰**(イベントの実行)、**識別1**(検診)、**評価**(機械学習を学んだ結果の確認)、**識別2**(農産物のサイズ特定など)、**教師なし学習**(行政サービス)という流れで物語を楽しみながら、機械学習を一通り学ぶことができます。

主要目次

序章　機械学習を教えてください！	第3章　結果の評価
第1章　回帰ってどうやるの？	第4章　ディープラーニング
第2章　識別ってどうやるの？	第5章　アンサンブル学習
	第6章　教師なし学習
	エピローグ
	参考文献

もっと詳しい情報をお届けできます。
◎書店に商品がない場合または直接ご注文の場合は右記宛にご連絡ください。

ホームページ　https://www.ohmsha.co.jp/
TEL/FAX　TEL.03-3233-0643　FAX.03-3233-3440

(定価は変更される場合があります)

F-1811-251

関連書籍のご案内

ROBO-ONEにチャレンジ！

二足歩行ロボットを作って、ロボコンに挑戦！

基本から、製作ノウハウまで解説

一般社団法人
二足歩行ロボット協会 ● 編

二足歩行ロボット自作ガイド

B5変判／296頁
定価（本体2800円【税別】）

　本書は、二足歩行ロボット格闘技大会「ROBO-ONE」に参加できるロボットを製作する方法を解説したものです。
　基本的なロボットの構成から、サーボなど使用する部品の概要、歩行などのプログラムの作成までを解説しています。サーボの制御はArduinoを使用し、最低限歩行がきちんとできるロボットを製作します。
　後半では、「ROBO-ONE」の常連参加者による、ロボット製作のノウハウの紹介が中心となります。ロボット製作のコンセプトの考え方や、格闘技の技やダンスなどの動き（モーション）をプログラムする際のコツ、ハードウェア製作のコツなど、初心者がステップアップできるだけでなく、すでに製作の経験がある方でも役に立つ内容となっています。

主要目次
はじめに
1章　これからはじめる二足歩行ロボット
2章　ROBO-ONEについて
3章　ロボットの駆動部分：サーボについて
4章　Arduinoによるサーボ制御
5章　ロボットアームを作ろう
6章　色々な姿勢センサ
7章　二足歩行ロボットを作ろう
8章　色々なハードウェアを作るコツ：クロムキッドの作り方
9章　連覇するロボットの作り方（コンセプト作りを主に）
10章　ロボットに多彩な動きをさせる：
　　　―メタリックファイターでのモーション作り―
11章　ロボットの高速化について：Frosty
付　録　失敗しないための注意点

もっと詳しい情報をお届けできます。
◎書店に商品がない場合または直接ご注文の場合は
　右記宛にご連絡ください。

| ホームページ | https://www.ohmsha.co.jp/ |
| TEL／FAX | TEL.03-3233-0643　FAX.03-3233-3440 |

（定価は変更される場合があります）

C-1905-156